U0190616

中等职业教育电类专业系列教材

电梯安装与维护

总主编　聂广林
主　编　张　彪　黄广清

重庆大学出版社

内容提要

本书内容包括:电梯的整体认识,剖析电梯,电梯电气安全,电梯的安装调试,电梯的维保及故障排除等。

本书在编写的过程中,以系统性、知识性、实用性为特点,全面介绍了电梯组成、工作原理和安装、维修技术,内容翔实、案例丰富,理论与实践相结合,实用性强,容易学习和掌握。

本书不仅是大中专院校、职业技术学校和各类培训班的教材,也可作为电梯工程技术人员的参考书籍。

图书在版编目(CIP)数据

电梯安装与维护/张彪,黄广清主编. —重庆:重庆大学
出版社,2011.3
中等职业教育电类专业系列教材
ISBN 978-7-5624-5951-4

Ⅰ.①电…　Ⅱ.①张…②黄…　Ⅲ.①电梯—安装—专业学校
—教材②电梯—维修—专业学校—教材　Ⅳ.①TU857

中国版本图书馆 CIP 数据核字(2011)第 009407 号

电梯安装与维护

总主编　聂广林
主　编　张　彪　黄广清
策划编辑:周　立

责任编辑:谭　敏　曾春燕　　版式设计:周　立
责任校对:谢　芳　　　　　　责任印制:赵　晟

*

重庆大学出版社出版发行
出版人:邓晓益
社址:重庆市沙坪坝正街 174 号重庆大学(A 区)内
邮编:400030
电话:(023)65102378　65105781
传真:(023)65103686　65105565
网址:http://www.cqup.com.cn
邮箱:fxk@ cqup. com. cn(营销中心)
全国新华书店经销
重庆升光电力印务有限公司印刷

*

开本:787×1092　1/16　印张:9.5　字数:237 千
2011 年 4 月第 1 版　　2011 年 4 月第 1 次印刷
印数:1—3 000
ISBN 978-7-5624-5951-4　定价:16.00 元

序　言

　　随着国家对中等职业教育的高度重视,社会各界对职业教育的高度关注和认可,近年来,我国中等职业教育进入了历史上最快、最好的发展时期,具体表现为:一是办学规模迅速扩大(标志性的)。2008 年全国招生 800 余万人,在校生规模达 2 000 余万人,占高中阶段教育的比例约为 50%,普、职比例基本平衡。二是中职教育的战略地位得到确立。教育部明确提出两点:"大力发展职业教育作为教育工作的战略重点,大力发展职业教育作为教育事业的突破口"。这是对职教战线同志们的极大的鼓舞和鞭策。三是中职教育的办学指导思想得到确立。"以就业为导向,以全面素质为基础,以职业能力为本位"的办学指导思想已在职教界形成共识。四是助学体系已初步建立。国家投入巨资支持职教事业的发展,这是前所未有的,为中职教育的快速发展注入了强大的活力,使全国中等职业教育事业欣欣向荣、蒸蒸日上。

　　在这样的大好形势下,中职教育教学改革也在不断深化,在教育部 2002 年制定的《中等职业学校专业目录》和 83 个重点建设专业以及与之配套出版的 1 000 多种国家规划教材的基础上,新一轮课程教材及教学改革的序幕已拉开。2008 年已对《中等职业学校专业目录》、文化基础课和主要大专业的专业基础课教学大纲进行了修订,且在全国各地征求意见

（还未正式颁发），其他各项工作也正在有序推进。另一方面，在继承我国千千万万的职教人通过近30年的努力已初步形成的有中国特色的中职教育体系的前提下，虚心学习发达国家发展中职教育的经验已在职教界逐渐开展，德国的"双元"制和"行动导向"理论以及澳大利亚的"行业标准"理论已逐步渗透到我国中职教育的课程体系之中。在这样的大背景下，我们组织重庆市及周边省市部分长期从事中职教育教材研究及开发的专家、教学第一线中具有丰富教学及教材编写经验的教学骨干、学科带头人组成开发小组，编写这套既符合西部地区中职教育实际，又符合教育部新一轮中职教育课程教学改革精神；既坚持有中国特色的中职教育体系的优势，又与时俱进，极具鲜明时代特征的中等职业教育电子类专业系列教材。

该套系列教材是我们从2002年开始陆续在重庆大学出版社出版的几本教材的基础上，采取"重编、改编、保留、新编"的八字原则，按照"基础平台 + 专门化方向"的要求，重新组织开发的，即：

1. 对基础平台课程《电工基础》、《电子技术基础》，由于使用时间较久，时代特征不够鲜明，加之内容偏深偏难，学生学习有困难，因此，对这两本教材进行重新编写。

2. 对《音响技术与设备》进行改编。

3. 对《电工技能与实训》、《电子技能与实训》、《电视机原理与电视分析》这三本教材，由于是近期才出版或新编的，具有较鲜明的职教特点和时代特色，因此对该三本教材进行保留。

4. 新编14本专门化方向的教材（见附表）。

对以上20本系列教材，各校可按照"基础平台 + 专门化方向"的要求，选取其中一个或几个专门化方向来构建本校的专业课程体系；也可根据本校的师资、设备和学生情况，在这20本教材中，采取搭积木的方式，任意选取几门课程来构建本校的专业课程体系。

本系列教材具备如下特点：

1. 编写过程中坚持"浅、用、新"的原则，充分考虑西部地区中职学生的实际和接受能力；充分考虑本专业理论性强、学习难度大、知识更新速度快的特点；充分考虑西部地区中职学校的办学条件，特别是实习设备较差的特点。一切从实际出发，考虑学习时间的有限性、学习能力的有限性、教学条件的有限性，使开发的新教材具有实用性，为学生终身学习打好基础。

2. 坚持"以就业为导向，以全面素质为基础，以职业能力为本位"的中职教育指导思想，克服顾此失彼的思想倾向，培养中职学生科学合理的能力结构，即"良好的职业道德、一定的职业技能、必要的文化基础"，为学生的终身就业和较强的转岗能力打好基础。

3. 坚持"继承与创新"的原则。我国中职教育课程以传统的"学科体系"课程为主，它的优点是循序渐进、系统性强、逻辑严谨，强调理论指导实践,符合学生的认识规律;缺点是与生产、生活实际联系不太紧密,学生学习比较枯燥,影响学习积极性。而德国的中职教育课程以行动体系课程为主,它的优点是紧密联系生产生活实际,以职业岗位需求为导向,学以致用,强调在行业行动中补充、总结出必要的理论;缺点是脱离学科自身知识内在的组织性,知识离散,缺乏系统性。我们认为:根据我国的国情,不能把"学科体系"和"行动体系"课程对立起来,相互排斥,而是一种各具特色、相互补充的关系。所谓继承,即是根据专业及课程特点,对逻辑性、理论性强的课程(如电子类专业的基础平台课程、电视机原理课程等),采用传统的"学科体系"模式编写,并且采用经过近30年实践认为是比较成功的"双轨制"方式;所谓创新,是对理论性要求不高而应用性和操作性强的专门化课程,采用行为导向、任务驱动的"行动体系"模式编写,并且采用"单轨制"方式。即采取"学科体系"与"行动体系"相结合,"双轨制"与"单轨制"并存的方式。我们认为这是一种务实的与时俱进的态度,也符合我国中职教育的实际。

4. 在内容的选取方面下了功夫,把岗位需要而中职学生又能学懂的重要内容选进教材,把理论偏深而职业岗位上没有用处(或用处不大)的内容删出,在一定程度上打破了学科结构和知识系统性的束缚。

5. 在内容呈现上,尽量用图形(漫画、情景图、实物图、原理图)和表格进行展现,配以简洁、明了的文字解说,做到图文并茂、脉络清晰、语言流畅上口,增强教材的趣味性和启发性,使学生愿读易懂。

6. 每一个知识点,充分挖掘了它的应用领域,做到理论联系实际,激发学生的学习兴趣和求知欲。

7. 教材内容,做到了最大限度地与国家职业技能鉴定的要求相衔接。

8. 考虑教材使用的弹性。本套教材采用模块结构,由基础模块和选学模块构成,基础模块是各专门化方向必修的基础性教学内容和应达到的基本要求,选学模块是适应专门化方向学习需要和满足学生进修发展及继续学习的选修内容,在教材中打"※"的内容为选学模块。

该系列教材的开发,是在国家新一轮课程改革的大框架下进行的,在较大范围内征求了同行们的意见,力争编写出一套适应发展的好教材,但毕竟我们能力有限,欢迎同行们在使用中提出宝贵意见。

总主编　聂广林
2010 年 1 月

3

附表：

中职电类专业系列教材

	方　向	课程名称	主　编	模　式
基础平台课程	公用	电工技术基础与技能	聂广林　赵争召	学科体系、双轨
		电子技术基础与技能	赵争召	学科体系、双轨
		电工技能与实训	聂广林	学科体系、双轨
		电子技能与实训	聂广林	学科体系、双轨
		应用数学		
专门化方向课程	音视频专门化方向	音响技术与设备	聂广林	行动体系、单轨
		电视机原理与电路分析	赵争召	学科体系、双轨
		电视机安装与维修实训	戴天柱	学科体系、双轨
		单片机原理及应用		行动体系、单轨
	日用电器方向	电动电热器具(含单相电动机)	毛国勇	行动体系、单轨
		制冷技术基础与技能	辜小兵	行动体系、单轨
		单片机原理及应用		行动体系、单轨
	电气自动化方向	可编程控制原理与应用	刘　兵	行动体系、单轨
		传感器技术及应用	卜静秀　高锡林	行动体系、单轨
		电动机控制与变频技术	周　彬	行动体系、单轨
	楼宇智能化方向	可编程逻辑控制器及应用	刘　兵	行动体系、单轨
		电梯安装与维护	张　彪	行动体系、单轨
		监控系统		行动体系、单轨
	电子产品生产方向	电子CAD	彭贞蓉　李宏伟	行动体系、单轨
		电子产品生产与检验	冉建平	行动体系、单轨
		电子产品市场营销		行动体系、单轨
		机械常识与钳工技能	胡　胜	行动体系、单轨

　　随着我国电梯市场的迅猛发展,人们对电梯产品从性能质量和数量等方面提出了更高的要求,电梯的研发生产、维保服务等相关行业快速扩大。据不完全统计,目前我国在用电梯共 100 万台左右,为保障电梯产业健康快速地发展,必须配备技术素质高、数量充足的从业人员。近年来,电梯专业人才需求缺口问题已经严重影响到了电梯行业的发展。据最新统计,我国已经取得电梯生产资质的企业为 498 家,取得电梯安装维保资质的企业为 5 411 家,共有从业人数 37. 6 万人左右。但按照世界上平均水平测算,我国目前电梯行业从业人员缺口达到 45 万人以上。所以,提高电梯从业人员的专业技能、培养大批合格专业人员、普及推广电梯使用知识,不仅非常有必要,而且意义深远。

　　电梯是典型的机电技术高度结合,安全要求极高的设备。尤其是近年来,随着电梯自动化和智能化水平的提高,技术更加密集,要求更加严格,未接受专业技能培训的普通人员已无法胜任电梯制造、维保服务工作,而电梯的安全可靠运行直接关系到乘客的生命和财产安全,与千家万户的生活息息相关,对社会和谐稳定具有特殊作用。国家劳动安全监察部门从 2000 年起,已将电梯划入特种设备类别,针对电梯及相关产品的开发设计、制造安装、维修使用和定期审验核准、从业人员培训等各个环节,出台了严格的法规标准,制订出细致的技术要求和操作规范,并要求电梯行业各相关部门严格执行并接受监检。

　　本书在编写的过程中,黄广清编写了项目三、项目四的部分内容,同时得到了重庆广日电梯工程公司梁正为工程师,李三洪工程师的大力支持和帮助,在这里表示衷心的感谢! 同时由于编者本身知识有限,对技术掌握还比较肤浅,再加上电梯技术的发展日新月异,书中难免存在错误和不足,敬请广大业内专家和读者批评指正,谢谢!

编　者

2010 年 8 月

项目 1　电梯的整体认识 ……………………… 1
　任务一　初识电梯 …………………………… 2
　一、电梯的分类 ……………………………… 2
　二、知道电梯的型号及组成 ………………… 3
　三、正确选择电梯 …………………………… 6
　知识拓展　电梯的发明历史 ………………… 7
　任务二　电梯的基本结构及参数 …………… 8
　一、电梯的基本结构 ………………………… 8
　二、电梯的主要参数 ………………………… 10
　学习评价 ……………………………………… 11

项目 2　剖析电梯 ……………………………… 13
　任务一　曳引系统 …………………………… 14
　一、曳引驱动工作原理 ……………………… 14
　二、曳引机 …………………………………… 15
　三、曳引钢丝绳 ……………………………… 18
　任务二　轿厢与门系统 ……………………… 19
　一、轿厢系统 ………………………………… 19
　二、电梯门系统 ……………………………… 22
　任务三　导向系统及重量平衡系统 ………… 24
　一、导向系统 ………………………………… 24
　二、重量平衡系统 …………………………… 26
　任务四　电梯拖动、控制系统 ……………… 29
　一、电梯拖动系统 …………………………… 29
　二、电梯的控制系统 ………………………… 31
　知识拓展　电梯礼仪 ………………………… 32
　学习评价 ……………………………………… 33

项目 3　电梯电气安全 ………………………… 35
　任务一　电气控制装置（一）……………… 36
　一、操纵箱 …………………………………… 36

二、指层灯箱（层灯） ………………………………………… 38

三、召唤按钮盒（呼梯按钮盒） …………………………… 38

四、轿顶检修盒 …………………………………………… 39

任务二 电气控制装置（二） …………………………… 39

一、换速平层装置 ………………………………………… 39

二、选层器 ………………………………………………… 42

三、控制柜 ………………………………………………… 44

任务三 电梯安全保护装置（一） ……………………… 44

一、防超越行程的保护 …………………………………… 45

二、限速器和安全钳 ……………………………………… 47

任务四 电梯安全保护装置（二） ……………………… 49

一、防止人员剪切和坠落的保护及要求 ………………… 49

二、缓冲装置 ……………………………………………… 50

三、报警和救援装置 ……………………………………… 52

四、停止开关和检修运行装置 …………………………… 53

五、消防功能 ……………………………………………… 54

任务五 电梯其他安全保护装置 ………………………… 55

知识拓展 电器基础知识问答 …………………………… 59

学习评价 …………………………………………………… 64

项目4 电梯的安装调试 …………………………… 65

任务一 电梯安装流程及工艺要求 ……………………… 66

一、开箱验收 ……………………………………………… 66

二、曳引装置组装 ………………………………………… 66

三、导轨组装 ……………………………………………… 66

四、轿箱、层门组装检查 ………………………………… 67

五、电气装置安装 ………………………………………… 67

六、安全保护装置 ………………………………………… 67

七、试运转 ………………………………………………… 68

八、应具备的技术资料 …………………………………… 68

九、验收 …………………………………………………… 69

十、电梯质量保修期 ……………………………………… 69

任务二 电梯的调试 ……………………………………… 69

一、现场调试准备 ………………………………………… 69

二、电梯绝缘测定 ………………………………………… 70

三、检修状态试运行 ……………………………………… 71

任务三 导轨、导轨架的安装 …………………………… 72

一、导轨的安装 …………………………………………… 72

二、导轨架的安装 ·· 73

任务四　导靴、缓冲器的安装 ·································· 75

一、导靴的安装 ·· 75

二、缓冲器的安装 ·· 76

知识拓展　电梯专业英语词汇 ······························ 77

学习评价 ··· 85

项目 5　电梯的维保及故障排除 ························· 87

任务一　电梯的定期维护保养 ······························ 88

一、建立管理制度,不断改善硬件条件 ··················· 88

二、制订专门的定期循环检查保养的技术规程 ········· 89

三、电梯安全管理制度示例 ·································· 91

任务二　学会电梯故障的检查测量基本方法 ··········· 92

一、学会机械系统故障的检查测量方法 ·················· 92

二、学会电气故障的检查测量方法 ······················· 93

任务三　奥的斯电梯的故障与分析 ······················· 96

任务四　三菱 GPS 故障排除实例 ·························· 99

任务五　电梯典型故障分析 ································· 104

知识拓展　正确使用电梯图例 ···························· 107

学习评价 ··· 111

附　录 ·· 113

附录 1　伤病应急处理须知 ································· 114

附录 2　重庆市特种设备安全监察条例 ················ 121

附录 3　《特种设备安全监察条例》修正案 ··········· 130

参考文献 ··· 136

项目 1

电梯的整体认识

知识目标

1. 知道电梯的分类、型号及结构
2. 知道电梯结构组成及参数

技能目标

1. 能正确进行电梯的选购
2. 培养规范的职业素养

随着科学技术和社会经济的发展,高层建筑已成为现代城市的标志。电梯作为垂直运输工具,承担着大量的人流和物流的输送,其作用在建筑物中至关重要。中高层写字楼、办公楼、饭店和住宅楼,服务性和生产部门如医院、商场、仓库、生产车间等,拥有大量的乘客电梯、载货电梯等各类电梯及自动扶梯。随着经济和技术的发展,电梯的使用领域越来越广,电梯已成为现代物质文明的一个标志。

任务一　初识电梯

一、电梯的分类

电梯可以按用途、驱动方式、提升速度、曳引电动机、操纵方式、有无减速器或机房位置等进行如下分类:

1. 按用途分类

(1)乘客电梯 TK:为运送乘客而设计的电梯,有完善的安全装置,一般装饰豪华。

(2)载货电梯 TH:通常有人伴随,主要是为运送货物而设计的电梯。

(3)客货(两用)电梯 TL:以运送乘客为主,但也可运送货物的电梯。

(4)住宅电梯 TZ:供住宅楼使用而设计的电梯。

(5)杂物电梯 TW:只运送杂物不允许人员进入的电梯。

(6)船用电梯 TC:供船舶上安装使用的电梯。

(7)汽车用电梯 TQ:垂直运输汽车的电梯。

(8)观光电梯 TG:供乘客观光的轿厢壁透明的电梯。

(9)病床电梯 TB:为医院运送病床而设计的电梯。

(10)其他电梯:包括冷库电梯、建筑电梯、矿井电梯等。

2. 按拖动方式分类

(1)交流电梯:交流电动机拖动的电梯。

(2)直流电梯:直流电动机拖动的电梯。

(3)液压电梯:靠液压传动的电梯。

(4)齿轮齿条式电梯:靠齿轮齿条传动的电梯。

(5)螺杆式电梯:将直顶式电梯的柱塞加工成矩形螺纹,再将带有推力轴承的大螺母安装于油缸顶,然后通过电机经减速器(或皮带传递)带动大螺母旋转,从而使螺杆顶送轿厢上升或下降。

(6)直线电机驱动电梯:用直线电动机作为动力源,是一种新型驱动方式的电梯。

3. 按电梯的速度分类

(1)低速电梯:速度为 1 m/s 及以下的电梯。

(2)快速电梯:速度大于 1 m/s 而小于 2 m/s 的电梯。

(3)高速电梯:速度在 2~3 m/s(含 2 m/s 和 3 m/s)的电梯。

(4)超高速电梯:速度超过 3 m/s 的电梯。

4. 按控制方式分类

（1）手柄开关控制电梯：由司机用手柄操纵电梯的启动、运行和平层进行控制的电梯。

（2）按钮控制电梯：一种具有简单自动控制方式的电梯，具有自动平层功能。

（3）信号控制电梯：有司机且自动控制程度较高的电梯。

（4）集选控制电梯：有/无司机操纵的电梯。

（5）并联控制电梯：2 或 3 台电梯的厅外召唤信号并联共用，电梯具有集选功能。

（6）梯群控制电梯：多台电梯集中排列，共用厅外召唤按钮，按规定程序和客流量的变换由电脑集中调度和控制电梯。

5. 按有无减速装置分类

（1）有齿轮电梯：曳引机由曳引轮、减速箱和控制轮组成，通过齿轮减速箱与电动机连接，用于低速和快速电梯。

（2）无齿轮电梯：曳引机由曳引轮和制动轮组成，由电动机直接连接，用于高速电梯。

6. 按操作方式分类

（1）无司机电梯。

（2）有司机电梯。

（3）有/无司机两用电梯。

7. 按有无机房分类

（1）有机房电梯。

（2）无机房电梯。

二、知道电梯的型号及组成

1. 电梯的型号

（1）我国标准规定电梯型号的表示

1986 年我国城乡建设环境保护部颁发的 JJ45—86《电梯、液压梯产品型号的编制方法》中，对电梯型号的编制方法作了如下规定：电梯、液压梯产品的型号由类、组、型、主参数和控制方式三部分组成。第二、第三部分之间用短线分开。产品型号代号顺序如图 1-1 所示。

表 1-1　类别代号

产品类别	代表汉字	拼　音	采用代号
电梯	梯	Tī	T
液压梯			

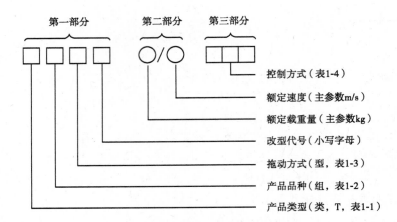

图 1-1　产品型号代号顺序

表 1-2　品种(组:用途)代号

产品类别	代表汉字	拼　音	采用代号
乘客电梯	客	Kè	K
载货电梯	货	Hùo	H
客货(两用)电梯	两	Liǎng	L
病床电梯	病	Bìng	B
住宅电梯	住	Zhù	Z
观光电梯	观	Guān	G
杂物电梯	物	Wù	W
汽车用电梯	汽	Qì	Q
船用电梯	船	Chuán	C

表 1-3　拖动方式代号

拖动方式	代表汉字	拼　音	采用代号
交流	交	Jiāo	J
直流	直	Zhí	Z
液压	液	Yè	Y

表 1-4　控制方式代号

控制方式	代表汉字	采用代号	控制方式	代表汉字	采用代号
手柄控制手动门	手、手	SS	信号控制	信号	XH
手柄开头控制自动门	手、自	SZ	集选控制	集选	JX
按钮控制(信号电梯)手动门	按、手	AS	并联控制	并联	BL
按钮控制(信号电梯)自动门	按、自	AZ	梯群控制	群控	QK
			微机集选控制	微集选	JXW

（2）进口电梯型号的表示

进口电梯的型号总体分以下几类：

①以电梯生产厂家、公司及生产产品序号来表示，如：TOEC—90，前面的字母是厂家英文字头，为天津奥的斯电梯公司；90代表其产品类型号。

②以英文字头代表电梯的种类，以产品类型序号区分，如：三菱电梯 GPS—Ⅱ，前面字母为英文字头代表产品种类，Ⅱ代表产品类型号。

③以英文字头代表产品种类，配以数字表征电梯参数，如："广日"牌电梯，YP—15—CO90，YP 表示交流调速电梯，额定乘员 15 人，中分门，额定速度 90 m/min。

④其他表示方法等。

因此，必须根据电梯的产品说明书了解其参数。

2. 电梯的组成部件

电梯是一种复杂的机电产品，一般由机房、轿厢、厅门及井道和井底设备等 4 个基本部分组成。

（1）机房

机房多位于电梯井道的最上方，也可位于最下方或侧面，用于装设曳引机、控制柜、限速器、选层器、地震检测仪、配线板、总电源开关及通风设备等。

机房结构必须坚固、防震和隔音，有足够的面积、高度、承重能力和良好的通风条件，而且室内经常保持适度的照明亮度，保持干燥清洁等。

（2）轿厢与对重

①轿厢　轿厢是用来安全运送乘客及物品到目的层的厢体装置，它的运动轨迹是在曳引钢丝绳的牵引下沿导轨上下运行。

②对重　对重又称平衡重，起到平衡轿厢的作用。对重与轿厢通过曳引钢丝绳连

接,利用曳引钢丝绳与曳引机轮槽之间的摩擦力驱动轿厢的上升和下降。

（3）厅门

厅门是为确保候梯厅的乘客安全而设置的开闭装置,只有在轿厢停层和平层时才被打开。

（4）井道与井底设备

①曳引钢丝绳　连接轿厢与对重,驱动轿厢上下运行。

②导轨　使轿厢和平衡对重在井道内垂直升降和导向装置。

③限速钢丝绳、张紧装置　用以防止限速钢丝绳的松弛或摇动,把轿厢速度正确地传送到限速器的辅助装置。

④补偿链　由于轿厢升降,轿厢侧与对重侧的曳引钢丝绳重量比随之变化。为了修正这个变化,减轻曳引电动机负载,将轿厢与对重用补偿链连接起来,一般用于提升高速超过 30 m 的电梯。

⑤终端保护装置　终端保护装置由终端电气保护装置和机械缓冲装置两部分组成,终端电气保护装置由换速开关、限位开关和极限开关组成。机械缓冲装置是指位于底坑的各种缓冲器,它们是电梯安全保护的最后一道措施,设置在井道底坑中且正对轿厢和对重,其作用是防止轿厢和对重冲顶撞底。常用的缓冲器有弹簧缓冲器和油压缓冲器两种。

三、正确选择电梯

1. 电梯市场的发展

20 世纪 80 年代以来,我国经济持续快速发展,城市建设加速,房地产投资逐渐加大力度,市场对电梯的需求量越来越大,虽然期间有起有落,但总体趋势是上升的,平均每年增长 17.8%,我国已成为世界第一大电梯生产国。一些新产品的开发和新技术的应用,促进了电梯市场的发展。

2006 年我国共生产电梯和自动扶梯 16.8 万台,是全球总产量的一半;其中出口2.25 万台,是当年进口量的 10 倍。世界上著名的电梯生产商几乎都在中国设有生产基地,目前电梯生产企业中跨国公司的产量超过 80%,其中富士达、美国奥的斯、瑞士迅达、日本富士、芬兰通力、德国蒂森、日本三菱、日立、东芝等 13 家大型外商投资公司在国内的市场份额达到了 74%。2010 年,我国电梯产量将达到 34 万部左右。

2. 如何选择电梯

对于如何选择电梯,很多人陷入了五花八门的阵内,逐渐开始迷茫,往往错选、误选。在选择时应注意以下事项:

（1）选择正规的品牌公司的产品,避免产生安全隐患。

（2）根据各行业的不同需求选择不同类型的电梯,如乘客电梯、医用电梯、货物电梯、液压电梯、自动扶梯、自动人行道电梯、无机房电梯、防爆电梯、施工电梯等。

（3）选择正规的安装商和维护商，最好是选择一家集生产、安装、销售、维护于一体的公司，避免出现各单位的扯皮现象。

（4）从安全、维护、运行、服务、外观等多方面考虑电梯的性能价格比，选择合适的电梯。

（5）参照中国市场研究中心调查结果如下。

品牌电梯各指标满意度对比

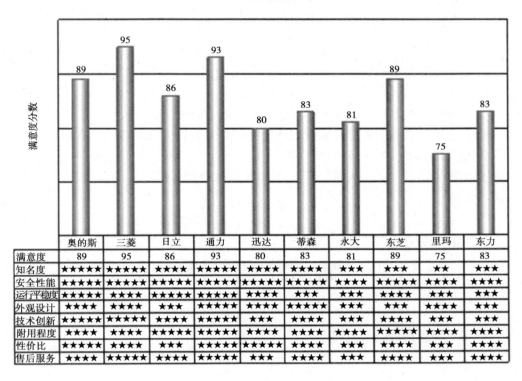

	奥的斯	三菱	日立	通力	迅达	蒂森	永大	东芝	里玛	东力
满意度	89	95	86	93	80	83	81	89	75	83
知名度	★★★★★	★★★★★	★★★★	★★★★★	★★★★	★★★★	★★★	★★★	★★	★★★
安全性能	★★★★★	★★★★★	★★★★★	★★★★★	★★★★★	★★★★★	★★★★	★★★★★	★★★★	★★★★
运行平稳度	★★★★★	★★★★	★★★★★	★★★★★	★★★★	★★★	★★★	★★★★	★★★	★★★
外观设计	★★★★	★★★★	★★★	★★★★★	★★★★★	★★★★	★★★	★★★	★★★	★★★
技术创新	★★★★★	★★★★	★★★★	★★★★★	★★★	★★★★	★★★	★★★★	★★★	★★★
附用程度	★★★★	★★★★	★★★★★	★★★★	★★★★	★★★★	★★★★	★★★★★	★★★★	★★★★
性价比	★★★★★	★★★★	★★★	★★★★★	★★★★★	★★★★	★★★	★★★★	★★★	★★★★
售后服务	★★★★	★★★★★	★★★★	★★★★	★★★	★★★★	★★★	★★★★	★★★	★★★★

知识拓展　电梯的发明历史

OTIS

　　1854 年，在纽约水晶宫举行的世界博览会上，美国人伊莱沙·格雷夫斯·奥的斯第一次向世人展示了他的发明。他站在装满货物的升降梯平台上，命令助手将平台拉升到观众都能看得到的高度，然后发出信号，令助手用利斧砍断了升降梯的提拉缆绳。令人惊讶的是，升降梯并没有坠毁，而是牢牢地固定在半空中——奥的斯先生发明的升降梯安全装置发挥了作用。"一切安全，先生们。"站在升降梯平台上的奥的斯先生向周围观看的人们挥手致意。谁也不会想到,这就是人类历史上第一部安全升降梯。人类利用升降工具运输货物、人员的历史非常悠久。早在公元前 2600 年,埃及人在建造金字塔时就使用了最原始的升降系统,这套系统的基本原理至今仍无变化:即一个平衡物下降的同时,负载平台上升。早期的升降工具基本以人力为动力。1203年,在法国海岸边的一个修道院里安装了一台以驴子为动力的起重机,这才结束了用人力运送重物的历史。英国科学家瓦特发明蒸汽机后,起重机装置开始采用蒸汽为动力。紧随其后,威廉·汤姆逊研制出用液压驱动的升降梯,液压的介质是水。在这些升降梯的基础上,一代又一代富有创新精神的工程师们在不断改进升降梯的技术。

然而,一个关键的安全问题始终没有得到解决,那就是一旦升降梯拉升缆绳发生断裂,负载平台就一定会发生坠毁事故。而奥的斯设计了一种弹簧,把两个钢齿嵌到滑道的 V 形切口中防止缆绳断裂,这样他就造出了世界上第一部安全电梯。奥的斯先生的发明彻底改写了人类使用升降工具的历史。从那以后,搭乘升降梯不再是"勇敢者的游戏"了,升降梯在世界范围内得到广泛应用。1889 年 12 月,美国奥的斯电梯公司制造出了名副其实的电梯,它采用直流电动机为动力,通过蜗轮减速器带动卷筒上缠绕的绳索,悬挂并升降轿厢。1892 年,美国奥的斯公司开始采用按钮操纵装置,取代传统的轿厢内拉动绳索的操纵方式,为操纵方式现代化开辟了先河。

任务二　电梯的基本结构及参数

一、电梯的基本结构

电梯是机、电一体化产品。其机械部分好比是人的躯体,电气部分相当于人的神经,控制部分相当于人的大脑。各部分通过控制部分调度,密切协同,使电梯可靠运行。

尽管电梯的品种繁多,但目前使用的电梯绝大多数为电力拖动、钢丝绳曳引式结构,图 1-2 所示是电梯的基本结构剖视直观图。

从电梯空间位置使用看,由 4 个部分组成:依附建筑物的机房、井道;运载乘客或货物的空间——轿厢;乘客或货物出入轿厢的地点——层站。即机房、井道、轿厢、层站。

从电梯各构件部分的功能上看,可分为 8 大部分:曳引系统、导向系统、轿厢、门系统、重量平衡系统、电力拖动系统、电气控制系统和安全保护系统,见表 1-5。

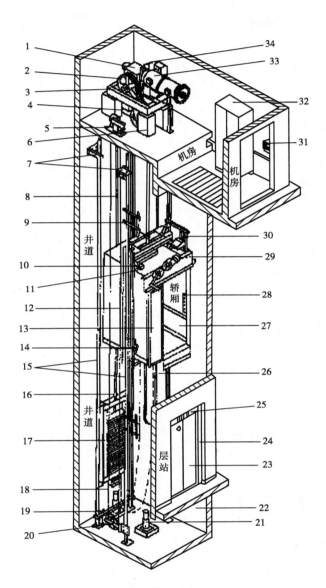

图 1-2　电梯的基本结构剖视图

1—减速箱;2—曳引轮;3—曳引机底座;4—导向轮;5—限速器;6—机座;7—导轨支架;
8—曳引钢丝绳;9—开关碰铁;10—紧急终端开关;11—导靴;12—轿架;13—轿门;14—安全钳;
15—导轨;16—绳头组合;17—对重;18—补偿链;19—补偿链导轮;20—张紧装置;21—缓冲器;
22—底坑;23—层门;24—呼梯盒(箱);25—层楼指标灯;26—随行电缆;27—轿壁;
28—轿内操纵箱;29—开门机;30—井道传感器;31—电源开关;32—控制柜;
33—引电机;34—制动器(抱闸)

表1-5　电梯8大部分的功能及主要构件

8个部分	功　能	主要构件及装置
1.曳引系统	输出与传递动力,驱动电梯运行	曳引机、曳引轮及钢丝绳,导向轮、反绳轮等
2.导向系统	限制轿厢、对重的活动自由度,使轿厢和对重只能沿着导轨运动	轿厢的导轨、对重的导轨及其导轨架等
3.轿厢	运载乘客和(或)货物的组件	轿厢架和轿厢体
4.门系统	乘客或货物的进出口,运行时层、轿门必须封闭,到站时才能打开	轿厢门、层门、开门机、联动机构、门锁等
5.重量平衡系统	相对平衡轿厢重量以及补偿高层电梯中曳引绳长度的影响	对重和重量补偿装置等
6.电力拖动系统	提供动力,对电梯实行速度控制	电动机、减速机、制动器、供电系统、速度反馈装置、调速装置等
7.电气控制系统	对电梯的运行实行操纵和控制	操纵装置、位置显示装置、控制屏(柜)、平层装置、选层器等
8.安全保护系统	保证电梯安全使用,防止一切危及人身安全的事故发生	限速器、安全钳、缓冲器和端站保护装置,超速保护装置,供电系统断相错相保护装置,超越上、下极限工作位置的保护装置,层门锁与轿门电气联锁装置,电动机过载、超速、编码器断线保护等

二、电梯的主要参数

电梯的主要参数用来确定电梯的服务对象、运送能力、工作性能及对井道、机房等土建设计的要求,包括以下几个方面:

(1)额定载重量:制造和设计所规定的电梯的额定载重量。

(2)轿厢尺寸:宽×深×高。

(3)轿厢形式:有单面或双面开门及其他特殊要求等,包括对轿顶、轿底、轿壁的处理,颜色的选择,对电风扇、电话的要求等。

(4)轿门形式:栅栏门、封闭式中分门、封闭式双折门、封闭式双折中分门等。

(5)开门宽度:轿厢门和层门完全开启时的净宽度。

(6)开门方向:人在轿厢外面对轿厢门向左方开启的为左开门;门向右方开启的为

右开门;两扇门分别向左右两边开启的为中开门,也称中分门。

(7)曳引方式:常用的有半绕1:1吊索法,轿厢的运行速度等于钢丝绳的运行速度;半绕2:1吊索法,轿厢的运行速度等于钢丝绳运行速度的一半;全绕1:1吊索法,轿厢的运行速度等于钢丝绳的运行速度。

(8)额定速度(m/s):制造和设计所规定的电梯运行速度。

(9)电气控制系统:包括控制方式、拖动系统的形式等,如交流电动机拖动或直流电动机拖动、轿内按钮控制或集选控制等。

(10)停层站数:凡在建筑物内各楼层用于出入轿厢的地点均称为站。

(11)提升高度:由底层端站楼面至顶层端站楼面之间的垂直距离。

(12)顶层高等:由顶层站楼面至机房楼板或隔音层楼板下最突出构件之间的垂直距离。电梯的运行速度越快,顶层高度一般越高。

(13)地坑深度:由底层端站楼面至井道底面之间的垂直距离。电梯的运行速度越快,底坑一般越深。

(14)井道高度:由井道底面至机房楼板或隔音层楼板下最突出构件之间的垂直距离。

(15)井道尺寸:宽×深。

学习评价

学习内容	自 评	组长评价	教师评价	备 注	
				85 以上	优
				70 ~ 85	良
				60 ~ 69	中
				60 以下	差
日期:		总评:		教师签字:	

剖析电梯

知识目标

1. 知道电梯曳引系统、轿厢与门系统结构组成
2. 知道电梯导向系统、重量平衡系统结构组成
3. 知道电梯拖动系统和控制系统

技能目标

1. 能正确识别、分析电梯的结构。了解电梯的拖动系统和控制系统
2. 培养规范的职业素养

任务一　曳引系统

一、曳引驱动工作原理

曳引式电梯的曳引驱动关系如图 2-1 所示。安装在机房的电动机与减速箱、制动器等组成曳引机,是曳引驱动的动力。曳引钢丝绳通过曳引轮一端连接轿厢,一端连接对重装置。为使井道中的轿厢与对重各自沿井道中导轨运行而不相蹭,曳引机上放置一导向轮使二者分开。轿厢与对重装置的重力使曳引钢丝绳压紧在曳引轮槽内产生摩擦力。这样,电动机转动带动曳引轮转动,驱动钢丝绳,拖动轿厢和对重做相对运动。即轿厢上升,对重下降;对重上升,轿厢下降。于是,轿厢在井道中沿导轨上、下往复运行,电梯执行垂直运送任务。

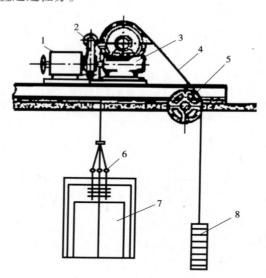

图 2-1　电梯的曳引传递系统
1—电动机;2—制动器;3—减速器;4—曳引绳;
5—导向轮;6—绳头组合;7—轿厢;8—对重

轿厢与对重能做相对运动是靠曳引绳和曳引轮之间的摩擦力来实现的,这种力就叫曳引力或驱动力。

曳引力与下述几个因素有关:

(1)轿厢与对重的重量平衡系数。

(2)曳引轮绳槽形状与曳引轮材料当量摩擦系数。曳引绳与曳引轮不同形状绳槽接触时,所产生的摩擦力是不同的,摩擦力越大则曳引力越大。

从目前使用来看,曳引轮绳槽有3种:半圆槽、V形槽、半圆形带切口槽,如图2-2所示。

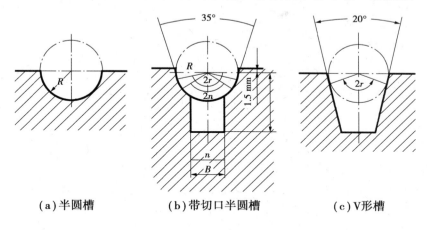

（a）半圆槽　　　　　（b）带切口半圆槽　　　　　（c）V形槽

图2-2　曳引轮绳槽

（3）曳引绳在曳引轮上的包角。钢丝绳在曳引轮上绕的次数可分单绕和复绕,单绕时钢丝绳在曳引轮上只绕过一次,其包角小于或等于180°,而复绕时钢丝绳在曳引轮上绕过二次,其包角大于180°。常用的绕法有:

①1:1绕法　曳引轮的线速度与轿厢升降速度之比为1:1,如图2-3（a）所示。

②2:1绕法　曳引轮的线速度与轿厢升降速度之比为2:1,如图2-3（b）所示。

③3:1绕法　曳引轮的线速度与轿厢升降速度之比为3:1,如图2-3（c）所示。

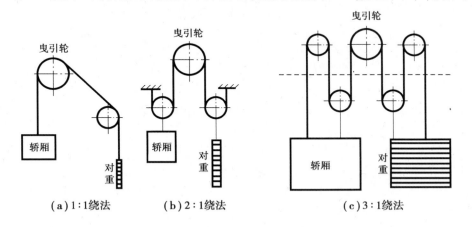

（a）1:1绕法　　　　（b）2:1绕法　　　　　（c）3:1绕法

图2-3　曳引绳的绕法

二、曳引机

电梯曳引机是电梯的动力设备,又称电梯主机。它由电动机、制动器、联轴器、减速箱、曳引轮、机架和导向轮及附属盘车手轮等组成。如果曳引机的电动机动力是通过减速箱传到曳引轮上的,称为有齿轮曳引机,一般用于 2 m/s 以下的低中速电梯(图2-4(a))。若电动机的动力不通过减速箱而直接传动到曳引轮上,则称为无齿轮曳引机,一般用于 2 m/s 以上的高速电梯和超高速电梯(图2-4(b))。

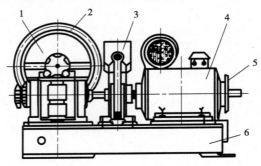

(a)有齿轮曳引机的结构图
1—减速器;2—曳引轮;3—制动器;4—电动机

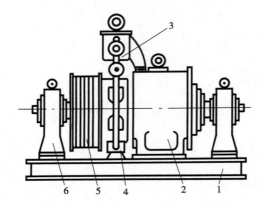

(b)无齿轮曳引机的结构图
图2-4
1—底座;2—直流电动机;3—电磁制动器;
4—制动器抱闸;5—曳引轮;6—支座

1. 曳引电动机

电梯的曳引电动机有交流电动机和直流电动机,曳引电动机是驱动电梯上下运行的动力源。根据电梯的工作性质,电梯曳引电动机应具有以下特点:①能频繁地启动和制动;②启动电流较小;③电动机运行噪声低。

2. 制动器

制动器对主动转轴起制动作用。制动器功能最基本要求:当电梯动力电源失电或控制电路电源失电时,制动器能立即进行制动。图2-5 至图2-8 是几种常见的制动器。

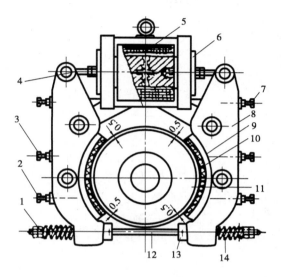

图2-5 电磁制动器

1—制动弹簧调节螺母；2—制动瓦块定位弹簧螺栓；
3—制动瓦块定位螺栓；4—倒顺螺母；5—制动电磁铁；
6—电磁铁芯；7—定位螺栓；8—制动臂；9—制动瓦块；
10—制动衬料；11—制动轮；12—制动弹簧螺杆；
13—手动松闸凸轮（缘）；14—制动弹簧

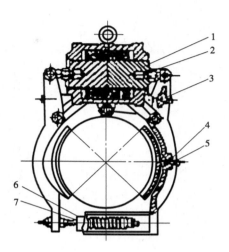

图2-6 卧式电磁制动器

1—铁芯；2—锁紧螺母；3—限位螺钉；
4—连接螺栓；5—碟形弹簧
6—偏斜套；7—制动弹簧

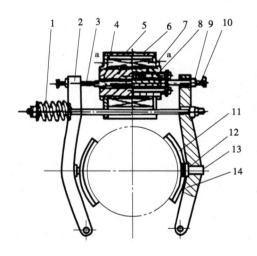

图2-7 单侧绞接式电磁制动器

1—制动弹簧；2—制动臂；3—调节螺栓；4—顶杆；
5—线圈；6—左铁芯；7—右铁芯；8—顶杆；
9—拉杆；10—调节螺栓；11—闸瓦；12—球面头；
13—连接螺栓；14—制动带

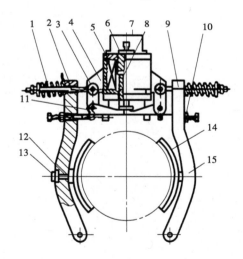

图2-8 立式电磁制动器

1—制动弹簧；2—拉杆；3—螺钉；4—电磁铁座；
5—线圈；6—动铁芯；7—罩盖；8—顶杆；
9—制动臂；10—顶杆螺栓；11—转臂；
12—球面头；13—连接螺钉；
14—闸瓦；15—制动材料

3. 减速器

减速器被用于有齿轮曳引机上,安装在曳引电动机转轴和曳引轮转轴之间。

4. 联轴器

联轴器是连接曳引电动机轴与减速器蜗杆轴的装置,用以传递由一根轴延续到另一根轴上的扭矩,又是制动器装置的制动轮。在曳引电动机轴端与减速器蜗杆轴端的会合处。

5. 曳引轮

曳引轮是曳引机上的绳轮,也称曳引绳轮或驱绳轮。是电梯传递曳引动力的装置,利用曳引钢丝绳与曳引轮缘上绳槽的摩擦力传递动力,装在减速器中的蜗轮轴上。如是无齿轮曳引机,则装在制动器的旁侧,与电动机轴、制动器轴在同一轴线上。曳引轮绳槽的形状直接关系到曳引力的大小和曳引绳的寿命。曳引轮绳槽的形状,常用的有半圆槽、带切口的半圆槽(又称凹形槽)、V 形槽,如图 2-9 所示。

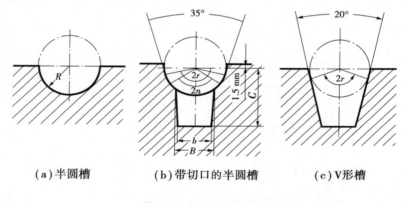

(a)半圆槽 (b)带切口的半圆槽 (c)V形槽

图 2-9　曳引轮绳槽形状

三、曳引钢丝绳

曳引钢丝绳也称曳引绳,电梯专用钢丝绳连接轿厢和对重,并靠曳引机驱动使轿厢升降。它承载着轿厢、对重装置、额定载重量等重量的总和。曳引钢丝绳一般为圆形股状结构,主要由钢丝、绳股和绳芯组成,如图 2-10 所示。钢丝是钢丝绳的基本组成件,要求钢丝有很高的强度和韧性(含挠性)。图 2-10(a)为钢丝绳外形,图 2-10(b)、(c)为钢丝绳横截面图(放大)。

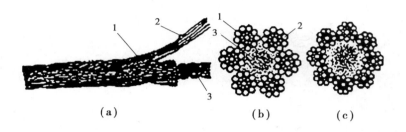

图 2-10　圆形股电梯用钢丝绳
（a）1—绳股；2—钢丝；3—绳芯　（b）圆股等铰距 6×19（9/9/1）电梯钢丝绳
（b），（c）—钢丝绳截面放大　（c）圆股等铰距 8×19（9/9/1）电梯钢丝绳

任务二　轿厢与门系统

一、轿厢系统

1. 轿厢总体构造

轿厢总体构造如图 2-11 所示,轿厢本身主要由轿厢架和轿厢体两部分构成,其中还包括若干个构件和有关的装置。

2. 轿厢架

轿厢架是承重构架,其钢材的强度和构架的结构,要求都很高,牢固性要好。不论是哪一种轿厢架的结构形式,一般均由上梁立柱、底梁、拉杆等组成,其基本结构如图 2-12 所示。这些构件一般都采用型钢或专门摺边而成的型材,通过搭接板用螺栓接合,可以拆装,以便进入井道组装。对轿厢架的整体或每个构件的强度要求都较高,要保证电梯运行过程中,万一产生超速而导致安全钳扎住导轨掣停轿厢,或轿厢下坠与底坑内缓冲器相撞时,不致发生损坏情况。对轿厢架的上梁、下梁还要求在受载时发生的最大挠度应小于其跨度的 1/1 000。轿厢架有两种基本构造:对边形轿厢架和对角形轿厢架,如图 2-13 和图 2-14 所示。

3. 轿厢的超载装置

超载装置是当轿厢超过额定载荷时,能发出警告信号,并使轿厢不能关门、不能运行的安全装置。

（1）轿底超载装置

一般轿厢底是活动的,称为活动轿厢式。这种形式的超载装置,采用橡胶块作为称量元件。橡胶块均布在轿底框上,有 6~8 个,整个轿厢支承在橡胶块上,橡胶块的压缩量能直接反映轿厢的重量,如图 2-15 所示。

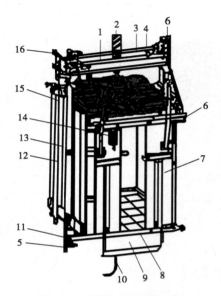

图 2-11　普通客梯轿厢构造

1—轿厢架；2—绳头装置；3—检修开关盒；
4—自动门机构；5—导靴；6—门框；
7—中分式板门；8—轿厢；9—扩板；
10—控制电缆；11—安全钳的安全嘴；
12—拉杆；13—操纵箱；14—门刀；
15—行程开关挡板；16—极限开关挡块

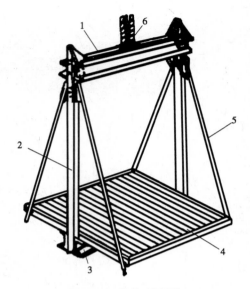

图 2-12　对边形轿厢架

1—上梁；2—立柱；3—底梁；4—轿厢底；
5—拉条；6—绳头组合

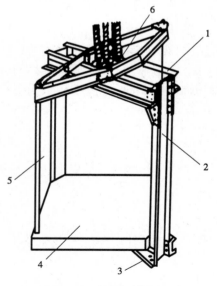

图 2-13　对角形轿厢架

1—上梁；2—立柱；3—底梁；
4—轿厢底；5—拉条；6—绳头组合

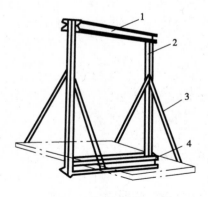

图 2-14　轿厢架的基本构件

1—上梁；2—立柱；3—拉条；4—底梁

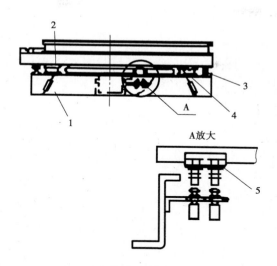

图 2-15　橡皮式活动轿厢超载装置
1—轿底框;2—轿厢底;3—限位螺钉;4—橡胶块;5—微动开关

　　在轿底框中间装有两个微动开关,一个在 80% 负重时起作用,切断电梯外呼载停电路,另一个在 110% 负重时起作用,切断电梯控制电路。碰触开关的螺钉直接装有轿厢底上,只要调节螺钉的高度,就可调节对超载量的控制范围。

　　这种结构的超载装置有结构简单、动作灵敏等优点,橡胶块既是称量元件,又是减振元件,大大简化了轿底结构,调节和维护都比较容易。

　　(2)轿顶称量式超载装置

　　①机械式

　　机械式是一种常见结构,以压缩弹簧组作为称量元件。秤杆的头部铰支在轿厢上梁的秤座上,尾部浮支在弹簧座上。摆杆装在上梁上,尾部与上梁铰接。采用这种装置时,绳头板装在秤杆上,当轿厢负重变化时,秤杆就会上下摆动,牵动摆杆也上下摆动,当轿厢负重达到超载控制范围时,摆杆的上摆量使其头部碰压微动开关触头,切断电梯控制电路。

　　②橡胶块式

　　橡胶块式的 4 个橡胶块装在上梁下面,绳头板支承在橡胶块上,轿厢负重时,微动开关 2 就会分别与装在下梁下面的触头螺钉触动,达到超载控制的目的。

　　另外,橡胶块称量装置结构简单,灵敏度高,且橡胶块既是称量的敏感元件,又是减震元件。但它的缺点主要是橡胶易老化变形,当出现较大称量误差时,需要换橡胶块。

　　③负重传感器式

　　前面两种形式的装置,只能设定一个或两个称量限值,不能给出载荷变化的连续信号。为了适应其他的控制要求,特别是计算机应用于群控后,为了使电梯运行

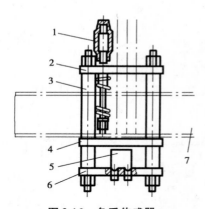

图 2-16　负重传感器
1—绳头锥套（4～5 只）；2—绳吊板；
3—拉杆螺栓；4—托板；5—传感器；
6—底板；7—轿厢上梁

达到最佳的调度状态,须对每台电梯的容流量或承载情况作统计分析,然后选择合适的群控调度方式。因此可采用负重式传感器作为称量元件,它可以输出载荷变化的连续信号。

目前用得较多的传感器是应变式负重传感器。图 2-16 所示是一种将应变式负重传感器装于轿顶的称量装置,也可将传感器安装于机房,也可安装于活络轿底下。

（3）机房称量式超载装置（机械式）

当轿底和轿顶都不能安装超载装置时,可将其移至机房之中。此时电梯的曳引绳绕法应采用 2∶1（曳引比非 1∶1）。这种装置由于安装在机房之中,它具有调节、维护方便的优点。

二、电梯门系统

1. 电梯门系统及其作用

（1）门系统的组成

门系统主要包括轿门（轿厢门）、层门（厅门）与开门关门等系统及其附属的零部件。

（2）作用

层门和轿门都是为了防止人员和物品坠入井道或轿内乘客和物品与井道相撞而发生危险,都是电梯的重要安全保护设施。

（3）层门

特别是电梯层门,是乘客在使用电梯时首先看到或接触到的部分,是电梯很重要的一个安全设施,根据不完全统计,电梯发生的人身伤亡事故约有 70% 是由于层门的质量及使用不当等引起的。因此,层门的开闭与锁紧是保证电梯使用者安全的首要条件。

（4）轿门、层门及其相互关系

轿门是设置在轿厢入口的门,是设在轿厢靠近层门的一侧,供司机、乘客和货物的进出。简易电梯,开关门是用手操作的称为手动门。一般的电梯,都装有自动开启,由轿门带动的,层门上装有电气、机械联锁装置的门锁。只有轿门开启才能带动层门的开启,所以轿门称为主动门,层门称为被动门。

只有轿门、层门完全关闭后,电梯才能运行。为了将轿门的运动传递给层门,轿门上设有系合装置（如门刀）,门刀通过与层门门锁的配合,使轿门能带动层门运动。为了防止电梯在关门时将人夹住,在轿门上常设有关门安全装置（防夹保护装置）。

2.门的结构与组成

电梯的门一般均由门扇、门滑轮、门靴、门地坎、门导轨架等组成。轿门由滑轮悬挂在轿门导轨上,下部通过门靴(滑块)与轿门地坎配合;层门由门滑轮悬挂在厅门导轨架上,下部通过门滑块与厅门地坎配合,如图2-17所示。

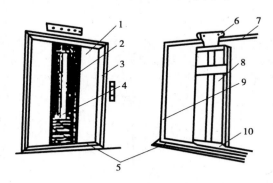

图2-17 电梯门的结构与组成

1—层门;2—轿厢门;3—门套;4—轿厢;5—门地坎;6—门滑轮;
7—层门导轨架;8—门扇;9—厅门门框立柱;10—门滑块(门靴)

(1)门扇。电梯的门扇有封闭式、空格式及非全高式之分。

封闭式门扇一般用1~1.5 mm厚的钢板制造,中间辅以加强筋。有时为了加强门扇的隔音效果、提高减振作用,在门扇的背面涂设一层阻尼材料,如油灰等。

空格式门扇一般指交栅式门,具有通气透气的特点,但为了安全,空格不能过大,我国规定栅间距离不得大于100 mm。这种门扇出于安全性能考虑,只能用于货梯轿厢厢门。

非全高式门扇,其高度低于门口高,常见于汽车梯和货物不会有倒塌危险的专门用途货梯。用于汽车梯,其高度一般不应低于1.4 m;专门用途货梯,一般不应低于1.8 m。

(2)门导轨架安装在轿厢顶部前沿,层门导轨架安装在层门框架上部。对门扇起导向作用。门滑轮安装在门扇上部,对全封闭式门扇以两个为一组,每个门扇一般装一组;交栅式门扇,由于门的伸缩需要,在每个门挡上部均装有一个滑轮。

门导轨架和门滑轮有多种形式,图2-18所示是最常见的三种。(a)图是Y形导轨,(b)图是板条型直线导轨,(c)交栅门导轨。

(3)门地坎和门滑块

门地坎和门滑块是门的辅助导向组件,与门导轨和门滑轮配合,使门的上、下两端,均受导向和限位。门在运动时,滑块顺着地坎槽滑动。

层门地坎安装在层门口的井道边上;轿门地坎安装在轿门口。地坎一般用铝型材料制成,门滑块一般用尼龙制造,在正常情况,滑块与地坎槽的侧面和底部均有间隙。

电梯的门结构应具有足够的强度。在我国的《电梯制造与安装安全规范》中规定,当门在关闭位置时,用300 N的力垂直施加于门扇的任何一个面上的任何部位(使这个力均匀分布在5 cm² 的圆形或方形区域内),门的弹性变形不应大于15 mm;当外力消失,门应无永久性变形,且启闭正常。

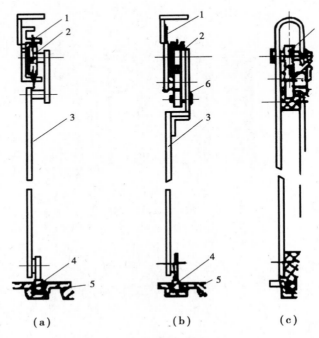

图 2-18　门导轨和滑轮侧立面图
1—导轨;2—滑轮;3—门扇;4—门滑块(门靴);5—地坎;
6—门挡轮;7—交栅门;8—门滑槽

任务三　导向系统及重量平衡系统

一、导向系统

1. 导向系统的功能

导向系统的功能是限制轿厢和对重的活动自由度,使轿厢和对重只沿着各自的导轨做升降运动,使两者在运行中平稳、不会偏摆,如图2-19所示。导向系统的主体构件是导轨和导靴;重量平衡系统的主体构件是对重和补偿链(绳)。有了导向系统,轿厢只能沿着左右两侧竖直方向的导轨上下运行。

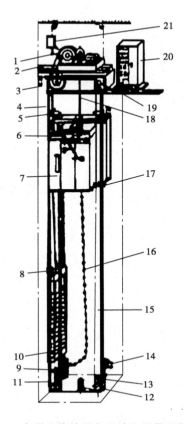

图 2-19　电梯总体的导向系统和重量平衡系统

1—曳引机;2—承重梁;3—导向轮;4—曳引绳;5—轿厢导靴;6—开门机;7—轿厢;8—对重导靴;
9—对重装置;10—防护栏;11—对重导轨;12—缓冲器;13—限速器张紧装置;14—限位开关;
15—轿厢导轨;16—补偿链;17—安全钳嘴;18—曳引绳;19—限速器;20—控制柜;21—极限开关

2. 导向系统的组成

对重只能沿着位于对重两侧竖直方向的导轨上下运行。所以,电梯的导向系统包括轿厢的导向和对重的导向两部分。

不论是轿厢导向还是对重导向均由导轨、导靴和导架组成,如图 2-20、图 2-21 所示。

导向系统使轿厢和对重顺利地沿着各自的导轨平稳地上下运动,轿厢和对重是通过曳引钢丝绳分别挂在曳引机的两侧的,两边就形成平衡体,起到相对重量平衡的作用。

另外,连接轿厢和对重的曳引钢丝绳,如楼层高,钢丝绳长,自身的重量增多,通过连接在轿厢底和对重的补偿链起着两边重量平衡的补偿作用。这样,导向系统配合了重量平衡系统,从而保证了电梯曳引传动的正常及运行的平衡可靠。

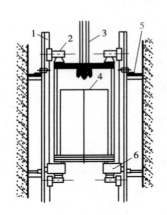
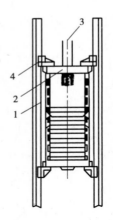

图 2-20　轿厢导向系统的立面图
1—导轨；2—导靴；3—曳引绳；
4—轿厢；5—导轨架；6—安全钳

图 2-21　对重导向系统的立面图
1—导轨；2—对重；3—曳引绳；4—导靴

二、重量平衡系统

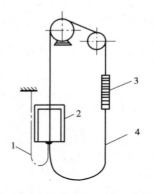

图 2-22　重量平衡系统示意图
1—电缆；2—轿厢；
3—对重；4—补偿装置

重量平衡系统是使对重与轿厢达到相对平衡，在电梯工作中使轿厢与对重间的重量差保持在某一个限额之内，保证电梯的曳引传动平稳、正常。它由对重装置和重量补偿装置两部分组成。平衡系统如图 2-22 所示。

对重装置起到相对平衡轿厢重量的作用，它与轿厢相对悬挂在曳引绳的另一端。

补偿装置的作用是：当电梯运行的高度超过 30 m 以上时，由于曳引钢丝绳和电缆的自重，使得曳引轮的曳引力和电动机的负载发生变化，补偿装置可弥补轿厢两侧重量不平稳。这就保证了轿厢侧与对重侧重量比在电梯运行过程中不变。

1. 重量平衡系统分析

（1）对重装置的平衡分析

对重又称平衡重，绕过曳引轮上的曳引绳的两侧，对重是相对于轿厢悬挂在曳引绳的另一侧，起到相对平衡轿厢的作用。因为轿厢的载重量是变化的，因此不可能两侧的重量都是相等而处于完全平衡状态。一般情况下，只有轿厢的载重量达到 50% 的额定载重量时，对重一侧和轿厢一侧才处于完全平衡，这时的载重额称电梯的平衡点。这时由于曳引绳两端的静荷重相等，使电梯处于最佳的工作状态。但是在电梯运行中的大多数情况曳引绳两端的荷重是不相等的，是变化的。因此对重只能起到相对平衡的作用。

（2）补偿装置的平衡分析

在电梯运行中，对重的相对平衡作用在电梯升降过程中还在不断地变化。当轿厢位于最底层时，曳引绳本身存在的重量大部分都集中在轿厢侧；相反，当轿厢位于顶层时，曳引绳的自身重量大部分作用在对重侧，还有电梯上控制电缆的自重，也都对轿厢和对重两侧的平衡带来变化，也就是轿厢一侧的重量 Q 与对重一侧的重量 W 的比例 Q/W 在电梯运行中是变化的。尤其当电梯的提升高度超过 30 m 时，这两侧的平衡变化就更大，因而必须增设平衡补偿装置来减弱其变化。

平衡补偿装置是悬挂在轿厢和对重的底面，在电梯升降时，其长度的变化正好与曳引绳长度变化对重相反。当轿厢位于最高层时，曳引绳大部分位于对重侧，而补偿链（绳）大部分位于轿厢侧；而当轿厢位于最低层时，情况正好相反。这样轿厢一侧和对重一侧就起到了平衡的补偿作用，保证了对重起到的相对平衡作用。

例如，有一幢 60 m 高的建筑内使用的电梯，用 6 根 Φ13 mm 的钢丝绳，其中不可忽视的是绳的总重量约 360 kg。随着轿厢和对重位置的变化，这个总重量将轮流地分配到曳引轮的两侧。为了减少电梯传动中曳引轮所承重的载荷差，提高电梯的曳引性能，就必须采用补偿装置。

2. 对重

对重可以平衡（相对平衡）轿厢的重量和部分电梯负载重量，减少电机功率的损耗。当电梯负载与对重十分匹配时，还可以减小钢丝绳与绳轮之间的曳引力，延长钢丝绳的使用寿命。由于曳引式电梯有对重装置，如果轿厢或对重撞在缓冲器上后，电梯失去曳引条件，避免了冲顶事故的发生。曳引式电梯由于设置了对重，使电梯的提升高度不像强制式驱动电梯那样受到卷筒的限制，因而提升高度也大大提高。

对重装置的种类，一般分为无对重轮式（曳引比为 1:1 的电梯）和有对重轮（反绳轮）式（曳引比为 2:1 的电梯）两种。

不论是有对重轮式，还是无对重轮式的对重装置，其结构组成是基本相同的。一般由对重架、对重块、导靴、缓冲器碰块、压块，以及与轿厢相连的曳引绳和对重轮（指 2:1 曳引比的电梯）组成。各部件安装位置如图 2-23 所示。

其中的对重架是用槽钢制成，其高度一般不宜超出轿厢高度，对重块铸铁制造，对重块安放在对重架上后，要用压板压紧，以防运行中移位和运行中振动声响。

3. 补偿装置

（1）补偿链

这种补偿装置以铁链为主体，链环一个扣一个，并用麻绳穿在铁链环中，其目的是利用麻绳减少运行时铁链相互碰撞引起的噪声。补偿链与电梯设备连接，通常采用一端悬挂在轿厢下面，另一端则挂在对重装置的下部，如图 2-24 所示。这种补偿装置的特点是：结构简单，但不适用于梯速超过 1.75 m/s 的电梯；另外，为防止铁链掉落，应在铁链两个终端分别穿套一根 Φ6 钢丝绳与轿底和对重底穿过后紧固。这样还能减少运行时铁链互相碰撞引起的噪声。

（2）补偿绳

这种补偿装置以钢丝绳为主体，补偿绳是把数根钢丝绳经过钢丝绳卡钳和挂绳架,一端悬挂在轿厢底梁上,另一端悬挂在对重架上。这种补偿装置的特点是:电梯运行稳定、噪声小,故常用在电梯额定速度超过 1.75 m/s 的电梯上;缺点是装置比较复杂,除了补偿绳外,还需张紧装置等附件。电梯运行时,张紧轮能沿导轮上下自由移动,并能张紧补偿绳。正常运行时,张紧轮处于垂直浮动状态,本身可以转动。

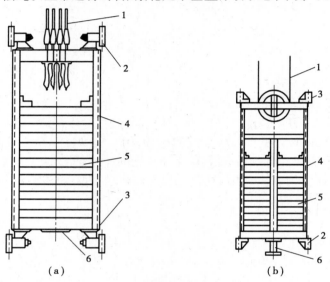

图 2-23　重量平衡系统示意图

(a)无对重轮的对重装置;(b)有对重轮的对重装置

1—曳引绳;2—导靴;3—导靴;4—对重架;5—对重块;6—缓冲器碰块

(3)补偿缆

补偿缆是最近几年发展起来的新型的、高密度的补偿装置。补偿缆中间有低碳钢制成的环链,中间填塞物为金属颗粒以及聚乙烯与氯化物的混合物,形成圆形保护层,链套是具有防火、防氧化的聚乙烯护套。这种补偿缆质量密度高,最重的每米可达 6 kg,最大悬挂长度可达 200 m,运行噪音小,可适用于各种中、高速电梯的补偿装置。补偿缆的接头方法如图 2-25 所示。

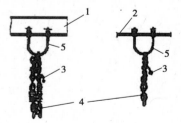

图 2-24　补偿链接头

1—轿厢底;2—对重底;3—麻绳;
4—铁链;5—U 形卡箍

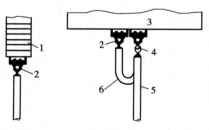

图 2-25　补偿缆的接头

1—对重;2—U 形螺栓;3—轿厢底;
4—S 形悬钩;5—补偿缆;6—安全回环

任务四　电梯拖动、控制系统

电梯是垂直运动的运输工具，无需旋转机构来拖动，因而电梯拖动系统实际上就是直线电机拖动系统。电梯的拖动控制系统经历了从简单到复杂的过程。到目前为止应用于电梯的拖动系统主要有：

(1)单、双速交流电动机拖动系统。

(2)交流电动机定子调压调速拖动系统。

(3)直流发电机-电动机可控硅励磁拖动系统。

(4)可控硅直接供电拖动系统。

(5)VVVF变频变压调速拖动系统。

一、电梯拖动系统

1.交流双速电梯拖动系统

单、双速交流电动机拖动系统采用开环方式控制，线路简单，价格较低，因此目前仍在电梯上广泛应用。但它的缺点是舒适感较差，所以一般被用于载货电梯上。这种系统控制的电梯速度在 1 m/s 以下。

该系统所用电动机多为 4/6 或 6/24 速比为 2∶1 快速与低速两个绕组。快速绕组用于启动、运行，低速绕组用于平层，见图 2-26。启动时，为限制启动电流的冲击，一般在定子电路中串入阻抗，随着运行速度的提高，逐级将阻抗短接切除，使电梯速度逐渐加快，直至进入稳定运行状态。接近平层时，电梯换速，电动机由快速绕组转换到慢速绕组。为限制制动电流和减速制动过猛造成的冲击，一般采取分级切除电阻或电抗器的方法，通过调整阻抗大小以及短接各级阻抗的时间，可以改变电梯启动时的加速度和换速时的减速度，从而满足电梯稳定性的需求。

2.交流电动机定子调压调速拖动系统

交流电动机定子调压调速拖动系统在国外已大量应用于电梯。这种系统采用可控硅闭环调速，加上能耗或涡流等制动方式，使得它所控制的电梯能在中低速范围内大量取代直流快速和交流双速电梯。它的舒适感好，平层准确度高，而造价却比直流电梯低，结构简单，易于维护，多用于 2 m/s 以下的电梯。

3.直流发电机-电动机可控硅励磁拖动系统

直流电动机具有调速性能好，调速范围大的特点，因此很早就应用于电梯，采用发电机-电动机组形式驱动。它控制的电梯速度达 4 m/s，但是，机组结构体积大，耗电大，维护工作量较大，造价高，因此常用于对速度、舒适感要求较高的建筑物中。

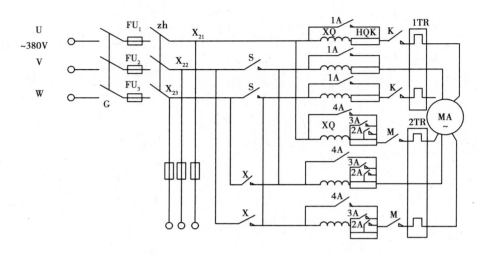

图 2-26 交流双速、双绕组电梯电力拖动原理图

G—总电源开关;zh—极限开关;S—上行接触器;X—下行接触器;K—快速接触器;M—慢速接触器;
1A—加速接触器;2A,3A,4A—减速接触器;XQ—启动、减速用电抗器;RQK—启动电阻器;
RQM—减速电阻器;1TR、2TR—热继电器中的热元件

4. 可控硅直接供电拖动系统

可控硅直接供电拖动系统在工业上早有应用,但用于电梯上却要解决舒适感问题。(尤其是低速段)因此应用较晚,它几乎与微机同时应用,比起电动机-发电机组形式的直流电梯,它有很多优点。如:机房占地节省 35%,重量减轻 40%,节能 25%～35%。世界上最高速度的 10 m/s 电梯就是采用这种系统,其调速比达 1:1 200。

5. VVVF 变频变压调速拖动系统

20 世纪 80 年代,VVVF 变频变压系统控制的电梯问世。它采用交流电动机驱动,却可以达到直流电动机的水平,目前控制速度已达 6 m/s。它的体积小,重量轻,效率高,节省能源等几乎包括了以往电梯的所有优点,是目前新颖的电梯拖动系统。

（1）VVVF 的工作原理

变频调速电力拖动系统采用"交—直—交"型电流控制系统,如图 2-27 所示。它先将三相交流电压经晶闸管整流装置变成直流电压(即该整流装置通过脉幅调制器(PAM)输出可调直流电压),然后经大电感 L 送入逆变器(即将直流电压经可任意控制的开关电路,输出频率和幅值均为可调的三相交流电),该逆变器由大功率晶体管组成,以脉宽调制方式(PWM)输出可变电压和可变频率的交流电供给交流电动机,控制电动机的运行。

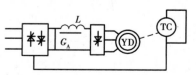

图 2-27 变频变压电力拖动原理图

（2）主要性能特点

①VVVF 控制系统启动加速和制动减速过程非常平稳,按距离制动,直接停靠,平层准确度可保证在 ±5 mm 以内。

②该拖动系统不仅可以工作在电动状态,也可以工作在再生发电状态,使系统电能消耗进一步降低。

③该系统全部使用晶闸管和半导体集成器件,工作可靠效率高。由于采用电流型逆变器变换系统,所以不需采用快速可控硅器件,只用一般晶闸管元件即可。

④该系统具有磁通与转速恒定的静态稳定关系,但与直流驱动系统相比,受电磁惯性影响的动态转矩控制能力较差。

(3)应用范围

目前 VVVF 变频调速拖动系统驱动的交流异步电梯产品应用的有三种:

①速度小于 2 m/s 的用蜗轮蜗杆减速箱交流异步调频电梯(已完全替代了传统的直流快速电梯);

②速度为 2~4 m/s 的斜齿轮减速传动的中、高速电梯,由于斜齿轮传动噪声大,又推出了星形减速器;

③速度大于 4 m/s 的超高速交流异步调频调压电梯,即无齿轮箱的低转速电动机拖动的电梯,在节能方面效果更加明显。

二、电梯的控制系统

1. 分类与组成

电梯的控制系统主要有继电器控制、PLC 控制和微机控制三类。电梯控制系统各环节的功能由不同线路完成。这些线路主要有:开关门控制、位置信号显示、定向选层控制、运行控制、特种状态控制等。以上控制都要由内指令(即人要去哪个层站)和厅召唤(即人要电梯到哪个层站去接客拉货)以及轿厢所在层站位置信号的制约。电梯电气控制系统各环节联系图,如图 2-28 所示。

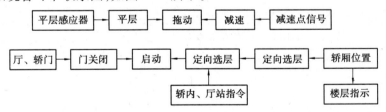

图 2-28 电梯电气控制系统各环节联系

2. PLC 控制

可编程序控制器(Programmable Controller),简称 PC,为与个人计算机相区别也称 PLC,即可编程序逻辑控制器,是采用微电脑技术制造的通用自动控制设备。它不但能控制开关量,还可以控制模拟量,可靠性高,抗干扰能力强,并具有完成逻辑判断、定时、计数、记忆和运算等功能,可以取代以继电器为主的各种控制设备。实践证明,PLC用于控制电梯各种操作和处理各种信息是可行的,并得到普遍的推广。

3. 单片机控制装置

利用单片机控制电梯具有成本低、通用性强、灵活性大及易于实现复杂控制等优点,可以设计出专门的电梯微机控制装置。八位微机的功能已足以完成电梯控制的一系列逻辑判断。图 2-29 是利用 8039 单片机控制的原理框图。

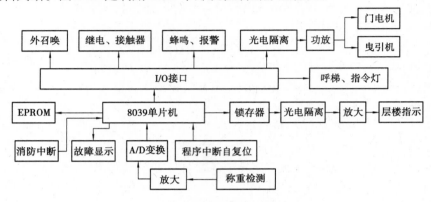

图 2-29　单片机控制的原理框图

知识拓展　电梯礼仪

(1)引导客人乘坐电梯时,接待人员应先进入电梯,等客人进入后关闭电梯门;到达时由接待人员按开电梯门,让客人先走出电梯门。

(2)使用楼梯和自动扶梯时要讲礼貌。如果和你同行的人爬楼梯感到困难,也许因为心脏不好,呼吸困难,或一条腿上了石膏,就尽可能使用电梯或自动扶梯。

(3)使用楼梯和自动扶梯时,不论上楼还是下楼,主人应走在前面。同样,这样做可使主人到达目的地后迎接并引导客人。男女同事在使用楼梯和自动扶梯时应按先来后到的顺序,事实上,有时候并肩走也是可以的。不要和你前面的人靠得太近。

(4)如果自动扶梯较宽,应靠右侧站,以便让着急的人从左侧超过。在拥挤的楼梯上,跟随着人流,不论上楼还是下楼一般都应靠右侧走。当然,如果楼梯只有一侧有扶手,而有的人必须扶着扶手以保证安全,那么,其他人应服从他的需要。

(5)在楼梯上催促他人是危险而不礼貌的。要么放慢脚步,要么超过他人,但不要强迫他人加速。

(6)电梯门打开时,先等别人下电梯。此时可用手扶着电梯门边上的橡胶条,不让门关上,使大家有足够时间上电梯。

(7)不要往电梯里面挤。如果人很多,你可以等下一趟电梯。

(8)走进电梯后,应该给别人让地方。先上的人站在电梯门的两侧,其他人站两侧及后壁,最后上的人站在中间。应该让残疾人站在离电梯门最近的地方,当他们上下电梯时,应为他们扶住门。当带着客人进办公楼时,应扶着电梯门让客人先下。

(9)下电梯时,根据你所站位置,应该先下,然后为客人扶着门,并指明该往哪个方向走。

（10）如果你够不着所在楼层的指示键,可以请人代劳,并向他致以谢意。在电梯里面不要大声谈论有争议的问题或有关个人的话题。

学习评价

学习内容	自　评	组长评价	教师评价	备　注	
				85 以上	优
				70 ~ 85	良
				60 ~ 69	中
				60 以下	差
日期:		总评:		教师签字:	

项目 **3**

电梯电气安全

知识目标

1.知道电梯的电气控制装置。

2.知道电梯的安全保护装置。

技能目标

1.能正确识别、分析电梯的电气控制装置。

2.培养规范的职业安全素养。

任务一　电气控制装置（一）

一、操纵箱

1.操纵箱的形式

（1）手柄操纵箱

一般由司机操纵使电梯门开启或关闭、启动或制停轿厢的手柄开关装置。扳手有向上、向下、停车三个位置。板面上一般设有安全开关,指示灯开关,信号灯开关,照明开关,风扇开关,应急开关等,常用在货梯上。

（2）按钮操纵箱

由乘客或司机通过按钮操纵电梯上、下、急停等的装置,并设有钥匙开关,用以选择司机操纵或自动操纵方式。另外还备有与电梯停站数相对应的指令按钮,记忆呼梯信号的指示灯,上下行方向指示灯,超载灯,警铃等。

（3）轿厢外操纵箱

操纵按钮一般装在每层楼的层门旁侧井道墙上,按钮数量不多,形式比较简单。常用于不载人的货梯。

2.常见操纵箱各个开关、按钮的功能和使用方法

（1）按钮组:操纵箱面板上装有单排或双排按钮组,按钮的数量由楼层的多少确定。按钮在压力下接通,使层楼指令继电器自我保护,按钮失压后会自动复位。司机操作时,可以根据需要按下一个或几个欲去层站的按钮,轿厢停层指令被登记,关门启动后轿厢就会按被登记的层站停靠。

（2）启动按钮:一般在盘面左右各装一个,一个用于向上启动,一个用于向下启动。当司机按下选层指令按钮,选好要去的层站,再按所要去的方向按钮,轿厢就会驶向欲去楼层。有的电梯不用按钮启动而采用手柄左右旋转的办法启动,效果相同,一般多用于货梯。

（3）照明开关:照明开关是控制轿厢内照明电路的。轿厢内照明,是由机房专用电源供电,不受电梯其他供电部分控制。一旦电梯主电路停电,轿厢内照明电路不会断电,就便于驾驶员或维修人员检修;不过维修人员处理故障时,就要特别注意照明电路和开关仍带电,以免触电。

（4）钥匙开关:一般采用汽车钥匙开关。其作用是控制电梯运行状态,一般用机械锁带动电器开关,有的只控制电源,有的是控制电梯快速运行状态的检修（慢速）状态。在信号控制的电梯中,钥匙开关只有运行和检修两挡;而在集选控制电梯中钥匙开关

有三挡,即自动(无司机)、司机和检修。司机离开轿厢,应将开关放在停止位置,并将钥匙带走,防止他人乱动设备(无司机电梯除外)。

(5)通风开关:用来控制轿厢内的电风扇。轿厢无人时,应将风扇开关关闭,以防时间过长烧坏风扇或引起火灾。

(6)直驶按钮:(专用)开启这个开关,厅外招呼停层即告无效,电梯只按轿厢内指令停层。尤其在满载时,通过轿厢满载装置,将直驶电路接通,电梯便直达所选楼层。

(7)独立服务按钮(或专用按钮):当此开关合上后,只应答轿内指令,外呼无效。即电梯专用。有的电梯甚至厅外楼层显示此时也没有。

(8)检修开关:也称慢车开关。在检修电梯时,用来断开电气自动回路的一个手动开关。在司机操作时,只可在乎层区域内作慢速对接(调平)操作,不可用于行驶。

(9)急停按钮(安全开关):按动或搬动此开关,电梯控制电源即被切断,立即停止运行。当轿厢在运行中突然出现故障或失控现象,为避免重大事故发生,司机可以按动急停开关,迫使电梯立即停驶。检修人员在检修电梯时,为了安全,也可以使用它。

(10)开关门按钮:在轿厢停止行驶状态时,开关门按钮才能起开关作用,在正常行驶状态下,该按钮将不起作用。有的电梯,开关门按钮只在检修时起开关门作用。

(11)警铃按钮:当电梯运行中突然发生事故停车,司机与乘客无法从轿厢中走出,可按此开关向外报警,以便及时解除困境。

(12)召唤蜂鸣器:当厅外有人发出召唤信号时,接通装于操纵箱内的蜂鸣器电源,将会发出蜂鸣声,提醒司机及时应答。

(13)召唤楼层和运行方向指示灯:当电梯厅站乘客发出召唤信号时,与其相应的继电器吸合,接通指示灯电源,点亮相应的召唤楼层指示灯,电梯轿厢应答到位后,指示灯自行熄灭。有的电梯把指示灯装在操纵箱上楼层选择按钮旁边,有的电梯把指示灯横装在操纵箱的上方。运行方向指示灯装在操纵箱盘面上,用箭头图形表示,当向上方向继电器吸合后使向上箭头指示灯点亮,当向下方向继电器吸合后使向下箭头指示灯点亮。以标志电梯轿厢运行方向。指示灯电压各不相同,一般采用 6.3 V,12 V,24 V,灯泡则选用 7 V,14 V,26 V,即灯泡额定电压略高于线路给定电压,这样可以延长指示灯泡的使用寿命。

另外,在信号控制电路操纵箱面板上,不设超载信号指示,而在集选控制电梯操纵箱面板上,设有超载指示灯和讯响器。

轿厢内轿门上方的上坎装设有楼层指示灯,用以显示轿厢所在楼层位置。旧式指层装置采用低电压(6.3 V,12 V,24 V)等小容量指示灯显示,由楼层继电器驱动,每层由一只指示灯显示。旧式指层装置体积大,灯泡寿命短,维修量大。新式楼层指示装置采用 LED 数码管显示,它具有体积小、美观清晰、寿命长等优点,在电梯上得到了广泛的使用。

二、指层灯箱（层灯）

指层灯箱是给司机、轿厢内、外乘用人员提供电梯运行方向和所在位置指示灯信号的装置。

位于层门上方的指层灯箱称厅外指层灯箱，位于轿门上方的指层灯箱称轿内指层灯箱。同一台电梯的厅外指层灯箱和轿内指层灯箱在结构上是完全一样的。指层灯箱内装置的电器元件一般有两种：电梯上下运行方向灯；电梯所在层楼指示灯。

除杂物电梯外，一般电梯都在各停靠站的层门上方设置有指层灯箱。但是，当电梯的轿厢门为封闭门，而且轿门没有开设监视窗时，在轿厢内的轿门上方也必须设置指示灯箱。指层灯箱上的层数指示灯，一般采用信号灯和数码管两种。

1. 层楼指示信号灯

在层楼指示器上装有和电梯运行层楼相对应的信号灯。每个信号灯外，都有数字表示。当电梯运行中经过某层时，此时层数指示灯亮，电梯通过后，指示楼层的信号灯就熄灭。也就是说：当电梯轿厢运行过程中，进入某层，该层的层楼信号灯就发亮，离开某层后，则该层的层楼信号灯就灭，它可以告诉司机和乘客轿厢目前所在的位置。其电路接法是：把所要指示同一层的灯并联在一起，再经同一层楼层楼继电器动合（常开）触点接到电源上。每层均是这种接法。当电梯在某一层时，该层的层楼继电器通电，其动合触点闭合，使安在这层厅外及轿厢内指示灯箱内的指示灯发亮；同理，装在指层灯箱内的上、下方向指示灯，根据选定方向而指示。

2. 数码管

数码管层灯，一般在微机控制的电梯上使用，层灯上有译码器和驱动电路，以数字显示轿厢位置。其型式多采用七段发光体 a,b,c,d,e,f,g 组成。若电梯运行楼层超过9 层后，则在每层指示用的数码管需用两个（层门外上方和轿厢上方均用两个），可显示 00 ～ 99 这 100 个不同的层楼数。同理，装于指层灯箱内上、下方向指示灯，一般装在厅外门上方，用塑料凸出上、下行三角。指示灯一般为白炽灯，有的为提醒乘客和厅外候梯人员，电梯已到本层，在指示灯箱内，装有喇叭（俗称到站钟），以声响来传达信息。

3. 无层灯的层楼指示器

有的电梯，除一层层门装有层楼指示器层灯外，其他层楼门仅有无层灯的层楼指示器，它只有上、下方向指示灯和到站钟。

三、召唤按钮盒（呼梯按钮盒）

召唤按钮盒是设置在电梯停靠站层门外侧，给厅外乘用人员提供召唤电梯的装置。

一般根据位置不同,设置几种按钮(箱):位于上端站,只装设一只下行召唤按钮;位于下端站,只装设一只上行召唤按钮(单钮召唤箱)。而在层站上,则装设一只上行召唤按钮和一只下行召唤按钮的双钮召唤箱。当厅外候梯人员按下向上或向下按钮时(只许按一个按钮),相应的指示灯也亮,于是司机和乘客便知某层楼有人要梯。当要梯人所在的层次在运行电梯的前方,而且是顺向时,则电梯到达该层时,立即停车,开门,厅外候梯人员上梯;若要梯人所在的层次在运行电梯的后方,而且其要求与运行中电梯方向相反,则电梯只作记忆(从轿厢内操作盘上可知),等到做完这个方向运行后,再按要求接这个方向运行的乘客。

若电梯的呼梯登记(即呼梯系统)是采用继电器控制的,则每一个呼梯按钮对应于相应的一只继电器,按钮与对应继电器动合触点并联构成自保持环节。若电梯的呼梯登记(即呼梯系统)是采用电脑控制时,则呼梯按钮对应的是专用的呼梯记忆系统。

当电梯到达厅外候梯人员所等候的层站时,此层呼梯信号就被取消。

四、轿顶检修盒

在机房电气控制柜上及轿厢顶上,设有供电梯检修运行的检修开关箱。其电器元件一般包括有:电梯慢上、慢下的按钮,点动开关门按钮,急停按钮,轿顶检修转换开关,轿顶检修灯开关。

任务二 电气控制装置(二)

一、换速平层装置

为使电梯实现到达预定的停靠站时,提前一定的距离,把快速运行切换为平层前的慢速运行,并使平层时能自动停靠的控制装置。

这种装置通常分别装在轿顶支架和轿厢导轨支架上,所装的平层部件,配合动作,来完成平层功能。

隔磁板式

此种装置由以下两部分组成,如图3-1所示。

装置固定在轿厢架上的换速隔磁板6和上下平层传感器3。装置固定在轿厢导轨固定架上的换速传感器7和平层隔磁板4。

装置在井道内轿厢导轨旁边固定架上的换速传感器7和装置在轿厢架上的平层传感器3在结构上是相同的,如图3-2所示,均由塑料盒1、永久磁铁3、干簧管2三部分组成。这种干簧传感器相当于一只永磁式的继电器,其结构和工作原理可结合

图3-2:图(a)表示未放入磁铁3时,干簧管2由于没有受到外力的作用,其常开接点
(1)和(2)是断开的,常闭接点(2)和(3)是闭合的。图(b)表示把永久磁铁3放进传
感器后,干簧管的常开接点(1)和(2)闭合,常闭接点(2)和(3)断开,这一情况相当于
电磁继电器得电动作。图(c)表示当外界把一块具有高导磁系数的铁板(隔磁板)插
入永久磁铁和干簧管之间时,由于永久磁铁所产生的磁场被隔磁板短路,干簧管的接
点失去外力的作用,恢复到图(a)的状态,这一情况相当于电磁继电器失电复位。根据
干簧管传感器这一工作特性和电梯运行特点设计制造出来的换速平层装置,利用固定
在轿架或导轨上的传感器和隔磁板之间的配合,具有位置检测功能,被作为各种控制
方式的低速、快速电梯电气控制系统实现到达预定停靠站提前一定距离换速、平层时
停靠的自动控制装置。

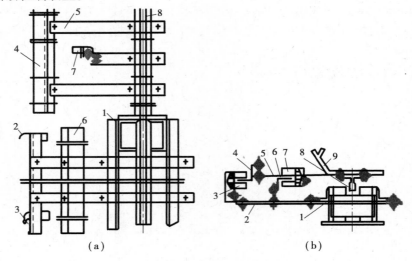

图3-1 换速平层装置

(a)正立面图;(b)平面图(俯视图)

1—轿架直梁;2—换速隔磁板及平层传感固定架;3—平层传感器;4—平层隔磁板;
5—平层隔磁板固定架;6—换速隔磁板;7—换速传感器;8—轿厢导轨;9—撑架

提前换速点与停靠站楼面的距离与电梯额定运行速度有关,速度越快,距离越长。
可按表3-1的参数进行调整。

表3-1 提前换速点与层站楼面距离的确定值

电梯额定速度 $V/(\mathrm{m \cdot s^{-1}})$	提前换速点与层站楼面距离 s/mm
$V \leqslant 0.25$	$400 \leqslant s \leqslant 500$
$0.25 \leqslant V \leqslant 0.5$	$500 \leqslant s \leqslant 750$
$0.5 \leqslant V \leqslant 1$	$750 \leqslant s \leqslant 1\ 800$
$1.00 \leqslant V \leqslant 2$	$1\ 800 \leqslant s \leqslant 3\ 500$

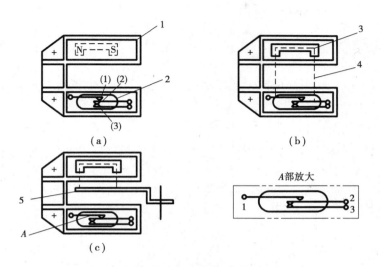

图 3-2 干簧管传感器工作原理

1—塑料盒;2—干簧管;3—永久磁铁;4—磁力线;5—隔磁板

另外还有圆形永久磁铁式(双稳态磁开关),此种开关是由装置在轿厢顶部的双稳态磁开关 2 和装置在井道内导轨旁边支架上,并对应于每个层站适当位置的各个圆形永久磁铁 3 所组成,如图 3-3 所示为轿厢顶部分支架上的装置和上方的井道内部分导轨旁边支架上装置的直观图。

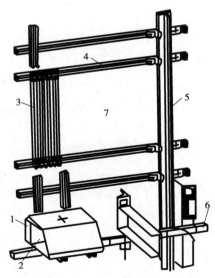

图 3-3 圆形永久磁铁式平层装置直观图

1—双稳态磁开关架;2—双稳态磁开关;3—圆形永久磁铁;4—磁体支架;
5—轿厢导轨;6—轿厢顶支架;7—中间停站

二、选层器

选层器设置在机房或隔层内,是模拟电梯运行状态,向电气控制系统发出相应信号的装置。

1. 机械式选层器

它是一种以机械传动模拟电梯运行,以缩小的比例准确反映轿厢运行位置,并以电气触头的电信号实行多种控制功能的装置。其作用多为发出减速指令,指示轿厢位置,消除应答完毕的召唤信号,确定运行方向,控制开门等。

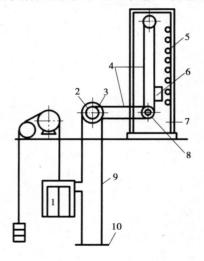

图 3-4 机械式选层器工作原理
1—轿厢;2—链轮;3—钢带轮;
4—链条;5—层站静触头;
6—动拖板(触头);7—选层器箱;
8—减速器;9—穿孔钢带;
10—张紧轮

图 3-4 所示是常用的选层器传动系统示意图。穿孔钢带 9 与轿厢连接,轿厢运动驱动安装在机房中选层器钢带轮 3 转动,由于是采用链齿式传动,钢带在轮上无打滑现象,因此能准确反映电梯实际运行速度。然后再通过一对链轮 2 将运动传给箱体中的动拖板 6,传动拖板随着电梯的升降而升降,且以缩小的比例,准确地反映轿厢运动位置,其缩小的比例称为缩比尺。

缩比尺可以根据层楼高度、电梯的运行速度、减速距离等条件确定。在国产电梯中常用的缩比尺有 1:60,1:100 等。

选层器箱体除了传动机构及动拖板外,还装有静触头盘,有的还装有磁感应开关的隔磁板,作为减速指令发出装置。

机械式选层装置工作过程:见图 3-4,当电梯做上行或下行运动时,带动钢带 9 运动,钢带牙轮(钢带轮)3 带动链条 4,经减速器 8 又经链条传动,带动选层器上的动拖板 6 运动,把轿厢运动模拟到动拖板上。根据运动情况,动拖板与选层器机架上层站定触头接触和离开,完成电气接点离合,起到了电气开关作用。定触头每层一块,其功能通常有轿厢位置指示,上、下换速,上、下行定向,轿内选层消号,厅外上、下呼梯消号等。例如:电梯位于三层,在轿厢内按动五层内选按钮,控制柜的内选继电器吸合,因动拖板位于选层器机架上三层,当电梯轿厢向上运行时,动拖板也同时向上运动。一旦动拖板的换速触点,接触到五层的换速接点时,换速继电器动作,电梯减速。电梯平层后,动滑板打开内选自保回路,消去五层内选信号。

2. 电动式选层器

电动式选层器又称刻槽式选层器,如图 3-5 所示,可装置在控制柜内。其结构由伺服电动机 1、螺杆 2、螺母 3 和继电器接点 4 组成。

电动式选层器的工作过程是：当电梯轿厢在井道内移动时，井道内安装的遮磁板和轿厢上安装的感应器相互插入时便发出信号，此信号送给伺服电动机，电动机便转动一定的角度（90°或180°等），螺杆跟着转动，而与螺杆配合的螺母（不转动）则向上或向下移动一定的距离（一层楼或几层楼），与轿厢位置成比例同步运动，由于螺母的移动，便拨动继电器的接点，使之接通或断开，达到选层的目的。

3. 电气选层器（继电器式选层器）

这种选层器实际上是一个步进开关装置，可代替机械式选层器。对于电气选层器来说，必须特别注意依次顺序前进和后退的规定。

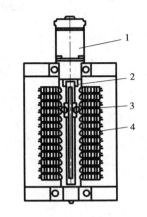

图 3-5　电动式选层器结构
1—伺服电机；2—螺杆；
3—螺母；4—继电器接点

这种选层装置，通常由双稳态磁性开关、圆形永久磁铁、选层器方向记忆继电器、选层器步进限位器、记忆继电器选层继电器，以及选层器的端站校正装置等组成。

井道信息是由装在轿厢导轨上各层支架上的圆形永久磁铁和装在轿厢顶上一组双稳态磁开关来完成。各层选层信号是由机房内控制屏上的层楼继电器来执行。

其工作原理是：轿厢在井道内的位罩信号，由双稳态开关与圆形永磁铁之间位置决定，用这信号控制继电器组成选层器。选层器在双稳态磁开关离开相应的楼层后，双稳态磁开关与圆形永久磁铁相遇，使双稳态磁开关中的接点动作，一个位置一个位置地递进，继电器选层器动作超前于轿厢，并使控制系统有足够的时间，决定停车的距离。

4. 电脑选层器（电子选层器）

这种选层器是利用数字脉冲信号、微处理机等手段组成的选层器。它是将脉冲信号的数字量相对于轿厢运行的距离量进行选层，它利用装在曳引电动机或限速器轮上的光码盘，在电动机转动时产生光脉冲信号，其脉冲量的多少决定了电梯的平层精度，如图 3-6 所示。

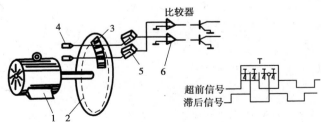

图 3-6　旋转编码器计脉冲数
1—电动机；2—光码盘；3—定盘；4—发光器；5—接收器；6—比较器

旋转编码器与电动机同轴连接,随电动机的转动,产生脉冲信号输出。根据脉冲的输出,可以检测运行距离。光码盘(转盘)随轿厢的运行旋转,LED 发出的光线通过定盘穿过转盘的间隙。每一转产生 1 024 个脉冲,采用两相检测,两相相差 90°,因此可以判断轿厢是上行还是下行。

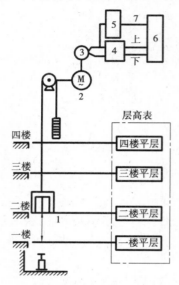

图 3-7 电脑选层器的构成

1—计数值;2—电动机;
3—旋转编码器;4—方向检测;
5—计数器;6—副微机;
7—指移动距离

图 3-7 所示为电脑选层器的构成图。用旋转编码器检测的电动机的转数检出轿厢的移动距离。由方向判断回路检测运行方向送副微机。电梯安装完成后,将电梯停在底层,通过 MPU 上的小键盘操作,使电梯进入自动高测定运行,将各层数据写入 EEPROM。每层数据是通过轿顶感应器经过隔磁板取得的。微机内部设层高表记录各层的层高数据。

旋转编码器取得了电梯的位置信号,要完成选层器的功能,微机内部设置了同步位置、先行位置、先行层等几个变量,分析之间的关系,并进行同步位置的校正。校正是利用轿顶的感应器进行的。

三、控制柜

控制柜是电梯电气系统完成各种控制任务,实现各种功能的控制中心。

控制柜由柜体和各种控制电器元件组成。控制柜中装配的元件,其数量规格主要与速度、控制方式、曳引电机大小等参数有关,目前交流电梯主要有三个品种,每种因参数不同略有区别,交流双速电梯,控制系统现一般由微机组成,动力输出由接触器完成,接触器较多,交流调压调速电梯的动力输出由交流调压调速器完成,配以相对较少的接触器组成。变频变压调速电梯目前较多,由变频器配以很少的接触器完成电梯的动力输出,由微机控制,故障率较低,结构紧凑、美观。

任务三 电梯安全保护装置(一)

电梯是频繁载人的垂直运输工具,必须有足够的安全性。电梯的安全,首先是对人员的保护,同时也要对电梯本身和所载物资以及安装电梯的建筑物进行保护。为了确保电梯运行中的安全,在设计时设置了多种机械、电气安全装置:超速保护装置——限速器、安全钳;超越行程的保护装置——强迫减速开关、终端限位开关。终端极限开关分别达到强迫减速、切断方向控制电路、切断动力输出(电源)的三级保护;冲顶(蹲底)保护装置——缓冲器;门安全保护装置——层门门锁与轿门电气联锁及门防夹人的装置;轿厢超载保护装置及各种装置的状态检测保护装置(如限速器断绳开关、钢带断带开关)——确保功能完好下电梯工作以及电气安全保护系统——供电系统保护、电机过载、过流等装置及报警装置等。

这些装置共同组成了电梯安全保护系统,以防止任何不安全的情况发生。同时,电梯的维护和使用必须随时注意,随时检查安全保护装置的状态是否正常有效,很多事故就是由于未能发现、检查到电梯状态不良和未能及时维护检修,及不正确使用造成的。所以必须了解掌握电梯的工作原理,能及时发现隐患并正确合理地使用电梯。

一、防超越行程的保护

为防止电梯由于控制方面的故障,轿厢超越顶层或底层端站继续运行,必须设置保护装置以防止发生严重的后果和结构损坏。

1. 结构

防止越程的保护装置一般是由设在井道内上下端站附近的强迫换速开关、限位开关和极限开关组成。这些开关或碰轮都安装在固定于导轨的支架上,由安装在轿厢上的打板(撞杆)触动而动作。

图3-8 所示是目前广泛使用的电气开关或极限开关的安装示意图。其强迫换速开关、限位开关和极限开关均为电气开关,尤其是限位和极限开关必须符合电气安全触点要求。图3-9 所示是使用铁壳刀闸作极限开关的安装示意图,刀闸极限开关安装在机房,刀闸刀片转轴的一端装有棘轮上绕有钢丝绳。钢丝绳的一端通过导轮接到井道顶上、下极限开关碰轮,另一端吊有配重以张紧钢丝绳。当轿厢的打板撞动碰轮时,由钢丝绳传动将刀闸断开。由于刀闸是串在主电路上,所以就将主电路断开了。在轿厢打板与碰轮脱离后,再由人工将刀闸复位。这种极限开关由于传动比较复杂,在大提升高度时钢丝绳不易张紧而易误动作,目前只在一些旧电梯和低层站的货梯中有使用。

2. 作用

强迫换速开关是防止越程的第一道关,一般设在端站正常换速开关之后。当开关撞动时,轿厢立即强制转为低速运行。在速度比较高的电梯中,可设几个强迫换速开关,分别用于短行程和长行程的强迫换速。

限位开关是防越程的第二道关,当轿厢在端站没有停层而触动限位开关时,立即切断方向控制电路使电梯停止运行。但此时仅仅是防止向危险方向运行,电梯仍能向安全方向运行。

极限开关是防越程的第三道保护。当限位开关动作后电梯仍不能停止运行,则触动极限开关切断电路,使驱动主机迅速停止运转。对交流调压调速电梯和变频调速电梯极限开关动作后,应能使驱动主机迅速停止运转,对单速或双速电梯应切断主电路或主接触器线圈电路,极限开关动作应能防止电梯在两个方向的运行,而且不经过称职的人员调整,电梯不能自动恢复运行。

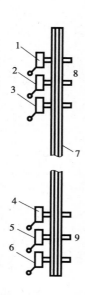

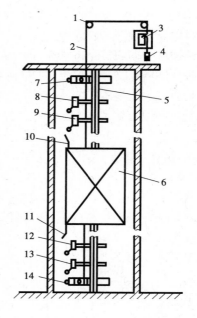

图 3-8　电气开关或极限开关示意图

1,6—终端极限开关;2—上限位开关;
3—上强迫减速开关;4—下强迫减速开关;
5—下限位开关;7—导轨;
8—井道顶部;9—井道底部

图 3-9　防越程保护装置

1—导轮;2—钢丝绳;3—终端极限开关;
4—张紧配重;5—导轨;6—轿厢;
7—极限开关上碰轮;8—上限位开关;
9—上强迫减速开关;10—上开关打板;
11—下开关打板;12—下强迫减速开关;
13—下限位开关;14—极限开关下碰轮

3. 要求

极限开关安装的位置应尽量接近端站,但必须确保与限位开关不联动,而且必须在对重(或轿厢)接触缓冲之前动作,并在缓冲器被压缩期间保持极限开关的保护作用。

限位开关和极限开关必须符合电气安全触点要求,不能使用普通的行程开关和磁开关、干簧管开关等传感装置。

防越程保护开关都是由安装在轿厢上的打板(撞杆)触动的,打板必须保证有足够的长度,在轿厢整个越程的范围内都能压住开关,而且开关的控制电路要保证开关被压住(断开)时,电路始终不能接通。

防越程保护装置只能防止在运行中控制故障造成的越程,若是由于曳引绳打滑制动器失效或制动力不足造成轿厢越程,上述保护装置是无能为力的。

二、限速器和安全钳

1. 轿厢发生坠落的原因

正常运行的轿厢,一般发生坠落事故的可能性极少,但也不能完全排除这种可能性。一般常见的有以下几种原因:

(1)曳引钢丝绳因各种原因全部折断;

(2)蜗轮蜗杆的轮齿、轴、键、销折断;

(3)曳引摩擦绳槽严重磨损,造成当量摩擦系数急剧下降,而平衡失调,轿厢又超载,则钢丝绳和曳引轮打滑;

(4)轿厢超载严重,平衡失调,制动器失灵;

(5)因某些特殊原因,例如平衡对重偏轻、轿厢自重偏轻,造成钢丝绳对曳引轮压力严重减少,致使轿厢侧或对重侧平衡失调,使钢丝绳在曳引轮上打滑。

只要发生以上五种原因之一,就可能发生轿厢(或对重)急速坠落的严重事故。因此按照国家有关规定,无论是乘客电梯、载货电梯、医用电梯等,都应装置限速器和安全钳系统。

2. 限速器

在电梯的安全保护系统中,提供的综合的安全保障是限速器、安全钳和缓冲器。当电梯在运行中无论何种原因使轿厢发生超速、甚至坠落的危险状况而所有其他安全保护装置均未起作用的情况下,则靠限速器、安全钳(轿厢在运行途中起作用)和缓冲器的作用使轿厢停住而不致使乘客和设备受到伤害。所以限速器和安全钳是防止电梯超速和失控的保护装置。

限速器是速度反应和操作安全钳的装置。当轿厢运行速度达到限定值时(一般为额定速度的115%以上),能发出电信号并产生机械动作,以引起安全钳工作的安全装置。所以限速器在电梯超速并在超速达到临界值时起检测及操纵作用。

安全钳是由于限速器的作用而引起动作,迫使轿厢或对重装置制停在导轨上,同时切断电梯和动力电源的安全装置。安全钳则是在限速操纵下强制使轿厢停住的执行机构。

限速器通常安装在电梯机房或隔音层的地面,它的平面位置一般在轿厢的左后角或右前角处,如图3-10所示。限速器绳的张紧轮安装在井道底坑。限速器绳绕经限速器轮和张紧轮形成一全封闭的环路,其两端通过绳头连接架安装在轿

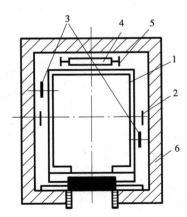

图3-10　限速器与轿厢的相对位置

1—轿厢;2—轿厢导轨;3—限速器;
4—对重;5—对重导轨;6—井道围壁

厢架上操纵安全钳的杠杆系统。张紧轮的重量使限速器绳保持张紧,并在限速器轮槽和限速器绳之间形成摩擦力。轿厢上、下运行同步地带动限速器绳运动从而带动限速器轮转动,如图 3-11 所示。

根据电梯安全规程的规定,任何曳引电梯的轿厢都必须设有安全钳装置,并且规定此安全钳装置必须由限速器来操纵,禁止使用由电气、液压或气压装置来操作安全钳。当电梯底坑的下方有人通行或能进入的过道或空间时,则对重也应设有限速器安全钳装置。

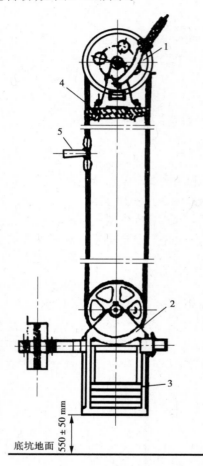

图 3-11　限速器装置的传动系统
1—限速器;2—张紧轮;3—重砣;
4—固定螺钉;5—连接轿厢架

3.安全钳装置

安全钳装置包括安全钳本体、安全钳提拉联动机构和电气安全触点,如图 3-12 所示。

安全钳及其操纵机构一般均安装在轿厢架 3 上。安全钳座 2 装设在轿厢架下梁内,楔块 1 在安全钳动作时夹紧导轨使轿厢制停。轿厢架上梁的两侧各装有一根转轴 16,操纵机构的一组杠杆均固定在这两根轴上。主动杠杆 10 的端部通过绳头 8 与限速器绳 9 连接。4 个从动杠杆 15 分别安装在两侧的转轴 16 上。横拉杆 14 连接两侧的转轴以保证两侧的从动杠杆同步摆动,横拉杆 14 上的正反扣螺母 13 可调节从动杠杆的位置。从动杠杆的端部各连接一条垂直拉杆 5,通过它带动安全钳的楔块 1。垂直拉杆上防晃架 4 起定位导引作用,并防止垂直拉杆晃动。横拉杆的压簧 12 使拉杆不能自动复位,只有在松开安全钳并排除故障之后,靠手动才能使其复位。

电气安全开关应符合安全触点的要求,规定要求安全钳释放后需经称职人员调整后电梯方能恢复使用,所以电气安全开关一般应是非自动复位的,安全开关应在安全钳动作以前及时动作,所以必须认真调整主动杠杆上的打板与开关的距离和相对位置,以保证安全开关准确动作。

提拉联动机构一般都安装在轿顶,也有电梯安装在轿底的。此时应将电气安全开关设在从轿顶可以恢复的位置。安全钳按结构和工作原理可分为瞬时式安全钳和渐进式安全钳。

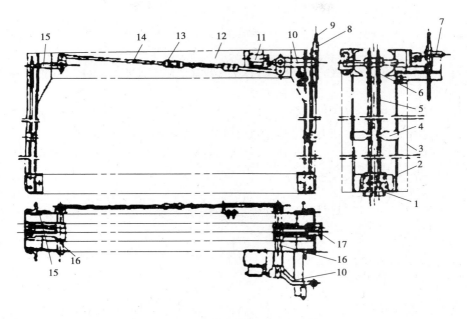

图 3-12　安全钳结构及安装位置

1—安全钳楔块；2—安全钳座；3—轿厢架；4—防晃架；5—垂直拉杆；6—压簧；7—防跳器；
8—绳头；9—限速器绳；10—主动杠杆；11—安全钳急停开关；12—压簧；13—正反扣螺母；
14—横拉杆；15—从动杠杆；16—转轴；17—导轨

任务四　电梯安全保护装置（二）

一、防止人员剪切和坠落的保护及要求

　　在电梯事故中人员被运动的轿厢剪切或坠入井道的事故占的比例较大，而且这些事故后果都十分严重，所以防止人员剪切和坠落的保护十分重要。防止人员坠落和剪切的保护主要由门、门锁和门的电气安全触点联合承担，必须符合以下的标准和要求。

　　（1）当轿门和层门中任一门扇未关好和门锁啮合 7 mm 以上时，电梯不能启动。

　　（2）当电梯运行时轿门和层门中任一门扇被打开，电梯应立即停止运行。

　　（3）当轿厢不在层站时，在站层门外不能将层门打开。

　　（4）紧急开锁的钥匙只能交给一个负责人员，有紧急情况才能由称职人员使用。

　　轿门、层门必须按规定装设验证门紧闭状态的电气安全触点并保持有效。门关闭后门扇之间、门与周边结构之间的缝隙不得大于规定值。尤其层门滑轮下的挡轮要经

常调整,以防中分门下部的缝隙过大。

门锁必须符合安全规范要求,并经型式试验合格,锁紧元件的强度和啮合深度必须保证。

电气安全触点必须符合安全规范要求,绝不能使用普通电气开关。接线和安装必须可靠,而且要防止由于电气干扰而误动作。

在电梯操作中严禁开门"应急"运行。在一些电梯中为了方便检修常设有开门运行的"应急"运行功能,有的是设专门的应紧运行开关,有的是用检修状态下按着开门按钮来实现开门运行。GB 7588 规定只有在进行平层和再平层及采取特殊措施的货梯在进行对接操作时,轿厢可在不关门的情况下短距离移动,其他情况,包括检修运行均不能开门运行。

装有停电应急装置和故障应急装置的电梯,在轿厢层门未关好或被开启的情况下,应不能自动投入应急运行移动轿厢。

二、缓冲装置

电梯由于控制失灵、曳引力不足或制动失灵等发生轿厢或对重蹲底时,缓冲器将吸收轿厢或对重的动能,提供最后的保护,以保证人员和电梯结构的安全。

缓冲器分蓄能型缓冲器和耗能型缓冲器。前者主要以弹簧和聚氨酯材料等为缓冲元件,后者主要是油压缓冲器。

当电梯额定速度很低时(如小于 0.4 m/s),轿厢和对重底下的缓冲器也可以使用实体式缓冲块来代替,其材料可用橡胶、木材或其他具有适当弹性的材料制成。但使用实体式缓冲器也应有足够的强度,能承受具有额定载荷的轿厢(或对重),并以限速器动作时的规定下降速度冲击而无损坏。

1.弹簧缓冲器

(1)组成结构

弹簧缓冲器的结构及其型式:弹簧缓冲器(图 3-13)一般由缓冲橡皮、缓冲座、弹簧、弹簧座等组成,用地脚螺栓固定在底坑基座上。

为了适应大吨位轿厢,压缩弹簧可由组合弹簧叠合而成。行程高度较大的弹簧缓冲器,为了增强弹簧的稳定性,在弹簧下部设有导套(图 3-14)或在弹簧中设导向杆。

(2)工作原理和特点

弹簧缓冲器是一种蓄能型缓冲器,因为弹簧缓冲器在受到冲击后,它将轿厢或对重的动能和势能转化为弹簧的弹性变形能(弹性势能)。由于弹簧的反力作用,使轿厢或对重得到缓冲、减速。但当弹簧压缩到极限位置后,弹簧要释放缓冲过程中的弹性变形能使轿厢反弹上升,撞击速度越高,反弹速度越大,并反复进行,直至弹力消失、能量耗尽,电梯才完全静止。

因此,弹簧缓冲器的特点是缓冲后存在回弹现象,存在着缓冲不平稳的缺点,所以弹簧缓冲器仅适用于低速电梯。

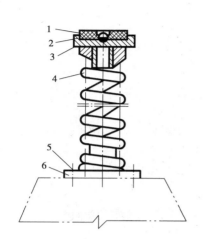

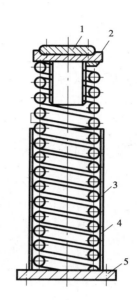

图 3-13　弹簧缓冲器的结构
1—螺钉及垫圈;2—缓冲橡皮;3—缓冲座;
4—压弹簧;5—地脚螺栓;6—底座

图 3-14　有弹簧导套的弹黄缓冲器
1—橡胶缓冲垫;2—上缓冲座;3—弹簧;
4—弹簧套;5—底座

2. 油压缓冲器

（1）组成结构

常用的油压缓冲器的结构如图 3-15 所示(该图为半剖视的立面图)。它基本构件是缸体 10、柱塞 4、缓冲橡胶垫 1 和复位弹簧 3 等。缸体内注有缓冲器油 13。

（2）工作原理

当油压缓冲器受到轿厢和对重的冲击时,柱塞 4 向下运动,压缩缸体 10 内的油,油通过环形节流孔 14 喷向柱塞腔。当油通过环形节流孔时,由于流动截面积突然减小,就会形成涡流,使液体内的质点相互撞击、摩擦,将动能转化为热量散发掉,从而消耗了电梯的动能,使轿厢或对重逐渐缓慢地停下来。

因此油压缓冲器是一种耗能型缓冲器,它是利用液体流动的阻尼作用,缓冲轿厢或负重的冲击。当轿厢或对重离开缓冲器时,柱塞 4 在复位弹簧 3 的作用下,向上复位,油重新流回油缸,恢复正常状态。

由于油压缓冲器是以消耗能量的方式实行缓冲的,因此无回弹作用。同时,由于变量棒 9 的作用,柱塞在下压时,环形节流孔的截面积逐步变小,能使电梯的缓冲接近匀速运动。因而,油压缓冲器具有缓冲平稳的优点,在使用条件相同的情况下,油压缓冲器所需的行程可以比弹簧缓冲器减少一半。所以油压缓冲器适用于各种电梯。

复位弹簧在柱塞全伸长位置时应具有一定的预压缩力,在全压缩时,反力不大于 1 500 N,并应保证缓冲器受压缩后柱塞完全复位的时间不大于 120 s。为了检证柱塞完全复位的状态,耗能型缓冲器上必须有电气安全开关。安全开关在柱塞开始向下运

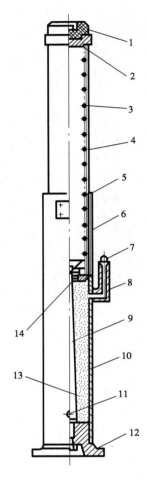

图3-15 油孔柱式油压缓冲器
1—橡胶垫；2—压盖；3—复位弹簧；
4—柱塞；5—密封盖；6—油缸套；
7—弹簧托座；8—注油弯管；9—变量棒；
10—缸体；11—放油口；12—油缸座；
13—油；14—环形节流孔

动时即被触动切断电梯的安全电路,直到柱塞向完全复位时开关才接通。

缓冲器油的黏度与缓冲器能承受的工作载荷有直接关系,一般要求采用有较低的凝固点和较高黏度指标的高速机械油。在实际应用中不同载重量的电梯可以使用相同的油压缓冲器,而采用不同的缓冲器油,黏度较大的油用于载重量较大的电梯。

三、报警和救援装置

电梯发生人员被困在轿厢内时,通过报警或通信装置应能将情况及时通知管理人员并通过救援装置将人员安全救出轿厢。

1.报警装置

（1）警铃

电梯必须安装应急照明和报警装置,并由应急电源供电。低层站的电梯一般是安设警铃,警铃安装在轿顶或井道内,操作警铃的按钮应设在轿厢内操纵箱的醒目处,上有黄色的报警标志。警铃的声音要急促响亮,不会与其他声响混淆。

（2）对讲

提升高度大于30 m的电梯,轿厢内与机房或值班室应有对讲装置。也由操纵箱面板上的按钮控制。目前大部分对讲装置是接在机房,而机房又大多无人看守,这样在紧急情况时,管理人员不能及时知晓。所以凡机房无人值守的电梯,对讲装置必须接到管理部门的值班处。

（3）电话

除了警铃和对讲装置,轿厢内也可设内部直线报警电话或与电话网连接的电话。此时轿厢内必须有清楚易懂的使用说明,告诉乘员如何使用和应拨的号码。

轿厢内的应急照明必须有适当的亮度,在紧急情况时,能看清报警装置和有关的文字说明。

2.救援装置

电梯困人的救援以前主要采用自救的方法,即轿厢内的操纵人员从上部安全窗爬上轿顶将层门打开。随着电梯的发展无人员操纵的电梯广泛使用,再采用自救的方法不但十分危险而且几乎不可能。因为作为公共交通工具的电梯,乘员十分复杂,电梯故障时乘员不可能从安全窗爬出,就是爬上了轿顶也打不开层门,反而会发生其他的事故。因此现在电梯从设计上就决定了救援必须从外部进行。

救援装置包括曳引机的紧急手动操作装置和层门的人工开锁装置。在有层站不设门时还可在轿顶设安全窗,当两层站地坎距离超过 11 m 时还应设井道安全门,若同井道相邻电梯轿厢间的水平距离不大于 0.75 m 时,也可设轿厢安全门。

机房内的紧急手工操作装置,应放在拿取方便的地方,盘车手轮应漆成黄色,开闸板手应漆成红色。为使操作时知道轿厢的位置,机房内必须有层站指示。最简单的方法就是在曳引绳上用油漆做上标记,同时将标记对应的层站写在机房操作地点的附近。

若轿顶设有安全窗,安全窗的尺寸应不小于 0.35×0.5 m², 强度应不低于轿壁的强度。窗应向外开启,但开启后不得超过轿厢的边缘。窗应有锁,在轿内要用三角钥匙才能开启,在轿外,则不用钥匙也能打开,窗开启后不用钥匙也能将其半闭和锁住,窗上应设验证锁紧状态的电气安全触点,当窗打开或未锁紧时,触点断开切断安全电路,使电梯停止运行或不能启动。

井道安全门的位置应保证至上下层站地坎的距离不大于 11 m。要求门的高度不小于 1.8 m 宽度不小于 0.35 m,门的强度不低于轿壁的强度。门不得向井道内开启,门上应有锁和电气安全触点,其要求与安全窗一样。

现在一些电梯安装了电动的停电(故障)应急装置,在停电或电梯故障时自动接入。装置动作时用蓄电池为电源向电机送入低频交流电(一般为 5 Hz),并通过制动器释放。在判断负载力矩后按力矩小的方向避速将轿厢移动至最近的层站,自动开门将人放出。应急装置在停电、中途停梯、冲顶蹲底和限速器安全钳动作时均能自动接入,但若是门未关或门的安全电路发生故障则不能自动接入移动轿厢。

四、停止开关和检修运行装置

1. 停止开关

停止开关一般称急停开关,按要求在轿顶,底坑和滑轮间必须装设停止开关。停止开关应符合电气安全触点的要求,应是双稳态非自动复位的、误动作不能使其释放。停止开关要求是红色的,并标有"停止"和"运行"的位置,若是刀闸式或拨杆式开关,应以把手或拨杆朝下为停止位置。

轿顶的停止开关应面向轿门,离轿门距离不大于 1 m。底坑的停止开关应安装在进入底坑可立即触及的地方。当底坑较深时可以在下底坑时梯子旁和底坑下部各设一个串联的停止开关。最好是能联动操作的开关。在开始下底坑时即可将上部开关打在停止的位置,到底坑后也可用操作装置消除停止状态或重新将开关处于停止位置。轿厢装有无孔门时,轿内严禁装设停止开关。

2. 检修运行

检修运行是为便于检修和维护而设置的运行状态,由安装在轿顶或其他地方的检修运行装置进行控制。检修运行时应取消正常运行的各种自动操作,如取消轿内和层站的召唤,取消门的自动操作。此时轿厢的运行依靠持续撤压方向操作按钮操纵,轿厢的运行速度不得超过 0.63 m/s,门的开关也由持续撤压开关门按钮控制。检修运行时所有的安全装置如限位和极限、门的电气安全触点和其他的电气安全开关及限速器安全钳均有效,所以检修运行是不能开着门走梯的。

检修运行装置包括一个运行状态转换开关、操纵运行的方向按钮和停止开关。该装置也可以与能防止误动作的特殊开关一起从轿顶控制门机构的动作。

检修转换开关应是符合电气安全触点要求的双稳态开关,有防误操作的措施,开关的检修和正常运行位置有标示,若用刀闸或拨杆开关则向下应是检修运行状态。轿厢内的检修开关应用钥匙动作,或设在有锁的控制盒中。

检修运行的方向按钮应有防误动作的保护,并标明方向。有的电梯为防误动作设三个按钮,操纵时方向按钮必须与中间的按钮同时按下才有效。

当轿顶以外的部位如机房、轿厢内也有检修运行装置时,必须保证轿顶的检修开关"优先",即当轿顶检修开关处于检修运行位置时,其他地方的检修运行装置全部失效。

五、消防功能

发生火灾时井道往往是烟气和火焰蔓延的通道,而且一般层门在 70 ℃ 以上时也不能正常工作。为了乘员的安全,在火灾发生时必须使所有电梯停止应答召唤信号,直接返回撤离层站,即具有火灾自动返基站功能。

自动返回基站的控制,可以在基站处设消防开关,火灾时将其接通,或由集中监控室发出指令,也可由火灾检测装置在测到层门外温度超过 70 ℃ 时自动向电梯发出指令,使电梯迫降,返回基站后不可在火灾中继续使用。此类电梯仅具有"消防功能"即消防迫降停梯功能。

另一种为消防员用电梯(一般称消防电梯),除具备火灾自动返基站功能外,还要供消防队员灭火的抢救人员使用。

消防电梯的布置应能在火灾时避免暴露于高温的火焰下,还能避免消防水流入井道。一般电梯层站宜与楼梯平台相邻并包含楼梯平台,层站外有防火门将层站隔离,层站内还有防火门将楼梯平台隔离,这样在电梯不能使用时,消防员还可以利用楼梯通道返回。其结构防火,电源专用。

消防电梯额定载重量不应小于 630 kg,入口宽度不得小于 0.8 m,运行速度应按全程运行时间不大于 60 s 来决定。电梯应是单独井道,并能停靠所有层站。

消防员操作功能应取消所有的自动运行和自动门的功能。消防员操作时外呼全部失效,轿内选层一次只能选一个层站,门的开关由持续撤压开关门按钮进行。有的电梯在开门时只要停止揿压按钮,门立即关闭,在关门时停止揿压按钮门会重新开启,这种控制方式是更为合理的。

任务五　电梯其他安全保护装置

电梯安全保护系统中所配备的安全保护装置一般由机械安全保护装置和电气安全保护装置两大部分组成。机械安全保护装置主要有限速器和安全钳、缓冲器、制动器、层门门锁、轿门安全触板、轿顶安全窗、轿顶防护栏杆、护脚板等。

但是有一些机械安全保护装置往往需要和电气部分的功能配合和联锁,装置才能实现其动作和功效的可靠性。例如层门的机械门锁必须和电开关连接在一起的联锁装置。

除了前面已介绍的限速器和安全钳、缓冲器、终端限位保护装置外,还有有关的其他安全保护装置,现在一并都列举在下面。

1.层门门锁的安全装置

乘客进入电梯轿厢首先接触到的就是电梯层门(厅门),正常情况下,只要电梯的轿厢没到位(到达本站层),本层站的层门都是紧紧地关闭着,只有轿厢到位(到达本层站)后,层门随着轿厢的门打开后才能跟随着打开,因此层门门锁的安全装置的可靠性十分重要,直接关系到乘客进入电梯的头一关的安全性。

2.门保护装置

乘客进入层门后就立即经过轿厢门而进入轿厢,门指的是接近轿厢门,但由于乘客进出轿厢的速度不同,有时会发生人被轿门夹住,电梯上设置的门保护装置就是为了防止轿厢在关门过程中夹伤乘客或夹住物品的现象。

3.轿厢超载保护装置

乘客从层门、轿门进入到轿厢后,轿厢里的乘客人数(或货物)所达到的载重量如果超过电梯的额定载重量,就可能造成电梯超载后所产生的不安全后果或超载失控,造成电梯超速降落的事故。

超载保护装置的作用是当轿厢超过额定负载时,能发出警告信号并使轿厢不能启动运行,避免意外的事故发生。

4.轿厢顶部的安全窗

安全窗是设在轿厢顶部的一个窗口。安全窗打开时,使限位开关的常开触点断开,切断控制电路,此时电梯不能运行。当轿厢因故障停在楼房两层中间时,司机可通过安全窗从轿顶以安全措施找到层门。安装人员在安装时,维修人员在处理故障时也可利用安全窗。由于控制电源被切断,可以防止人员出入轿厢窗口时因电梯突然启动而造成人身伤害事故。当出入安全窗时还必须先将电梯急停开关按下（如果有的话）或用钥匙将控制电源切断。为了安全，司机最好不要从安全窗出入，更不要让乘客出入。因安全窗窗口较小，且离地面有两米多高，上下很不方便。停电时，轿顶上很黑，又有各种装置，易发生人身事故。

也有的电梯不设安全窗，可以用紧急钥匙打开相应的层门上下轿顶。

5. 轿顶护栏

轿顶护栏是电梯维修人员在轿顶作业时的安全保护栏。有护栏可以防止维修人员不慎坠落井道，就实践经验来看，设置护栏时应注意使护栏外围与井道内的其他设施（特别是对重）保持一定的安全距离，做到既可防止人员从轿顶坠落，又避免因扶、倚护栏造成人身伤害事故。在维修人员安全工作守则中可以写入"站在行驶中的轿顶上时，应站稳扶牢，不倚、靠护栏"，和"与轿厢相对运动的对重及井道内其他设施保持安全距离"字样，以提醒维修作业人员重视安全。

6. 底坑对重侧护栅

为防止人员进入底坑对重下侧而发生危险，在底坑对重侧两导轨间应设防护栅，防护栅高度为 1.5~1.8 m，距地 0.5 m 装设。宽度不小于对重导轨两外侧之间距，防护网空格或穿孔尺寸，无论水平方向或垂直方向测量，均不得大于 75 mm。

7. 轿厢护脚板

轿厢不平层，当轿厢地面（地坎）的位置高于层站地面时，会使轿厢与层门地坎之间产生间隙，这个间隙会使乘客的脚踏入井道，发生人身伤害的可能。为此，国家标准规定，每一轿厢地坎上均需装设护脚板，其宽度是层站入口处的整个净宽。护脚板的垂直部分的高度应不少于 0.75 m。垂直部分以下部分成斜面向下延伸，斜面与水平面的夹角大于 60°，该斜面在水平面上的投影深度不小于 20 mm。护脚板用 2 mm 厚铁板制成，装于轿厢地坎下侧且用扁铁支撑，以加强机械强度。

8. 制动器扳手与盘车手轮

当电梯运行当中遇到突然停电造成电梯停止运行时，电梯又没有停电自投运行设备，且轿厢又停在两层门之间，乘客无法走出轿厢。就需要由维修人员到机房用制动器扳手和盘车手轮两件工具人工操纵，使轿厢就近停靠，以便疏导乘客。制动器扳手的式样，因电梯抱闸装置的不同而不同，作用都是用它使制动器的抱闸脱开。盘车手轮是用来转动电动机主轴的轮状工具（有的电梯装有惯性轮，亦可操纵电动机转动）。操作时首先应切断电源由两人操作，即一人操作制动器扳手，一人盘动手轮。两人需配合好，以免因制动器的抱闸被打开而未能把住手轮致使电梯因对重的重量而造成轿厢快速行驶。一人打开抱闸，一人慢速转动手轮使轿厢向上移动，当轿厢移到接近平层位置时即可。制动器扳手和盘车手轮平时应放在明显位置并应涂以红漆以醒目。

9. 超速保护开关

在速度大于 1 m/s 的电梯限速器上都设有超速保护开关，在限速器的机械动作之前,此开关就得动作,切断控制回路,使电梯停止运行。有的限速器上安装两个超速保护开关,第一个开关动作使电梯自动减速,第二个开关才切断控制回路。对速度不大于 1 m/s 的电梯,其限速器上的电气安全开关最迟在限速器达到其动作速度时起作用。

10. 曳引电动机的过载保护

电梯使用的电动机容量一般比较大,从几千瓦至十几千瓦。为了防止电动机过载后被烧毁而设置了热继电器过载保护装置。电梯电路中常采用的 JRO 系列热继电器是一种双金属片热继电器。两只热继电器热元件分别接在曳引电动机快速和慢速的主电路中,当电动机过载超过一定时间,即电动机的电流大于额定电流,热继电器中的双金属片经过一定时间后变形,从而断开串接在安,全保护回路中的接点,保护电动机不因长期过载而烧毁。

现在也有将热敏电阻埋藏在电动机的绕组中,即当过载发热引起阻值变化,经放大器放大使微型继电器吸合,断开其接在安全回路中的触头,从而切断控制回路,强令电梯停止运行。

11. 电梯控制系统中的短路保护

一般短路保护,是由不同容量的熔断器来进行。熔断器是利用低熔点、高电阻金属不能承受过大电流的特点,从而使它熔断,就切断了电源,对电气设备起到保护作用。极限开关的熔断器为 RCIA 型插入式,熔体为软铅丝、片状或棍状。电梯电路中还采用了 RLI 系列蜗旋式熔断器和 RLS 系列螺旋式快速熔断器,用以保护半导体整流元件。

12. 供电系统相序和断(缺)相保护

当供电系统因某种原因造成三相动力线的相序与原相序有所不同,有可能使电梯原定的运行方向变为相反的方向,它给电梯运行造成极大的危险性。同时为了防止电动机在电源缺相下不正常运转而导致电机烧损。

电梯电气线路中采用相序继电器,当线路错相或断相时,相序继电器切断控制电路,使电梯不能运行。

但是,近几年由于电力电子器件和交流传动技术的发展,电梯的主驱动系统应用晶闸管直接供电给直流曳引电动机,以及大功率器件 IGBT 为主体的交—直—交变频技术在交流调速电梯系统(VVVF)中的应用,使电梯系统工作是与电源的相序无关的。

13. 主电路方向接触器联锁装置

(1)电气联锁装置

交流双速及交调电梯运行方向的改变是通过主电路中的两只方向接触器,改变供电相序来实现的。如果两接触器同时吸合,则会造成电气线路的短路。为防止短路故障,在方向接触器上设置了电气联锁,即上方向接触器的控制回路是经过下方向接触器的辅助常闭接点来完成的。下方向接触器的控制电路受到上方向接触器辅助常闭接点控制。只有下方向接触器处于失电状态时,上方向接触器才能吸合,而下方向接触的吸合必须是上方向接触器处于失电状态。这样上下方向接触器形成电气联锁。

（2）机械联锁式装置

为防止上下方向接触器电气联锁失灵，造成短路事故，在上下方向接触器之间，设有机械互锁装置。当上方向接触器吸合时，由于机械作用，限制住下方向接触器的机械部分不能动作，使接触器接点不能闭合。当下方向接触器吸合时，上方向接触器接点也不能闭合，从而达到机械联锁的目的。

14. 电气设备的接地保护

我国供电系统过去一般采用中性点直接接地的三相四线制，从安全防护方面考虑，电梯的电气设备应采用接零保护。在中性点接地系统中，当一相接地时，接地电流成为很大的单相短路电流，保护设备能准确而迅速的动作切断电流，保障人身和设备安全。接零保护同时，地线还要在规定的地点采取重复接地。重复接地是将地线的一点或多点通过接地体与大地再次连接。在电梯安全供电现实情况中还存在一定的问题，有的引入电源为三相四线，到电梯机房后，将零线与保护地线混合使用；有的用敷设的金属管外皮作零线使用，这是很危险的，容易造成触电或损害电气设备。应采用三相五线制的 TN.S 系统，直接将保护地线引入机房，见图 3-16（a）。如果采用三相四线制供电的接零保护 TN.C.S 系统，严禁电梯电气设备单独接地。电源进入机房后保护线与中性线应始终分开，该分离点（A 点）的接地电阻值不应大于 4 Ω，见图 3-16（b）。

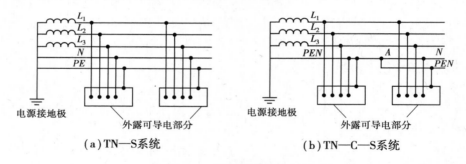

（a）TN—S系统　　　　　　　（b）TN—C—S系统

图 3-16　供电系统接地形式

$L_1 L_2 L_3$—电源相序；N—中性线；PE—保护接地；

PEN—保护接地与中性线共用

电梯电气设备如电动机、控制柜、接线盒、布线管、布线槽等外露的金属指点壳部分，均应进行保护接地。

保护接地线应采用导线截面积不小于 4 mm² 有绝缘层的铜线。线槽或金属管相互应连成一体并接地，连接可采用金属焊接，在跨接管路线槽时可用直径 $\phi 4 \sim 6$ mm 的铁丝或钢筋棍，用金属焊接方式焊牢，如图 3-17 所示。

当使用螺栓压接保护地线时，应使用 $\phi 8$ mm 螺栓，并加平垫圈和弹簧垫圈压紧。接地线应为黄绿双色。当采用随行电缆芯线作保护线时不得少于 2 根。

在电梯采用的三相四线制供电线路的零线上不准装设保险丝，以防人身和设备的安全受到损害。对于各种用电设备的接地电阻应不大于 4 Ω。电梯生产厂家有特殊抗干扰要求的,按照厂家要求安装。对接地电阻应定期检测,动力电路和安全装置电路不少于 0.5 MΩ,照明、信号等其他电路不小于 0.25 MΩ。

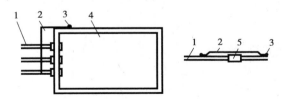

图 3-17　接地线连接方法
1—金属管或线槽;2—接地线;3—金属焊点;4—金属线盒;5—管箍

15. 电梯急停开关

急停开关也称安全开关,是串接在电梯控制线路中的一种不能自动复位的手动开关,当遇到紧急情况或在轿顶、底坑、机房等处检修电梯时,为防止电梯的启动、运行,将开关关闭切断控制电源以保证安全。

急停开关分别设置在轿顶操纵盒上,底坑内和机房控制柜壁上及滑轮间。有的电梯轿厢操作盘(箱)上没设此开关。

急停开关应有明显的标志,按钮应为红色,旁边标以"通""断"或"停止"字样,扳动开关,向上为接通,向下为断开,旁边也应用红色标明"停止"位置。

16. 可切断电梯电源的主开关

每台电梯在机房中都应装设一个能切断该电梯电源的主开关,并具有切断电梯正常行驶的最大电流的能力。如有多台电梯还应对各个主开关进行相应的编号。注意,主开关切断电源时不包括轿厢内、轿顶、机房和井道的照明、通风以及必须设置的电源插座等的供电电路。

知识拓展　电器基础知识问答

(1)涡流是怎样产生的? 有何利弊?

答:置于变化磁场中的导电物体内部将产生感应电流,以反抗磁通的变化,这种电流以磁通的轴线为中心呈涡旋形态,故称涡流。在电机中和变压器中,由于涡流存在,将使铁芯产生热损耗,同时,使磁场减弱,造成电气设备效率降低,容量不能充分利用,所以,多数交流电气设备的铁芯,都是用 0.35 或 0.5 mm 厚的硅钢片叠成,涡流在硅钢片间不能穿过,从而减少涡流的损耗。

涡流的热效应也有有利一面,如可以利用它制成感应炉冶炼金属,可制成磁电式、感应式电工仪表,还有电度表中的阻尼器,也是利用磁场对涡流的力效应制成的。

(2)什么是趋表效应? 趋表效应可否利用?

答:当直流电流通过导线时,电流在导线截面分布是均匀的,导线通过交流电流时,电流在导线截面的分布是不均匀的,中心处电流密度小,而靠近表面电流密度大,这种交流电流通过导线时趋于表面的现象叫趋表效应,也叫集肤效应。考虑到交流电的趋表效应,为了有效地节约有色金属和便于散热,发电厂的大电流母线常用空心的槽形或菱形截面母线。高压输配电线路中,利用钢芯铝线代替铝绞线,这样既节约了铝导线,又增加了导线的机械强度。

趋表效应可以利用,如对金属进行表面淬火,对待处理的金属放在空心导线绕成的线圈中,线圈中通过高频电流,金属中就产生趋于表面的涡流,使金属表面温度急剧升高,达到表面淬火的目的。

(3)什么是正弦交流电?为什么普遍采用正弦交流电?

答:正弦交流电是指电路中的电流、电压及电势的大小都随着时间按正弦函数规律变化,这种大小和方向都随时间作周期性变化的电流称交变电流,简称交流。交流电可以通过变压器变换电压,在远距离输电时,通过升高电压可以减少线路损耗。而当使用时又可以通过降压变压器把高压变为低压,这既有利于安全,又能降低对设备的绝缘要求。此外,交流电动机与直流电动机比较,则具有构造简单,造价低廉,维护简便等优点。在有些地方需要使用直流电,交流电又可通过整流设备将交流电变换为直流电,所以交流电目前获得了广泛地应用。

(4)什么是交流电的周期、频率和角频率?

答:交流电在变化过程中,它的瞬时值经过一次循环又变化到原来瞬时值所需要的时间,即交流电变化一个循环所需的时间,称为交流电的周期。周期用符号 T 表示,单位为秒。周期越长交流电变化越慢,周期越短交流电变化越快。交流电每秒钟周期性变化的次数叫频率。用字母 F 表示,它的单位是 γ/s,或者赫兹,用符号 Hz 表示。它的单位有赫兹,千赫、兆赫。

角频率与频率的区别在于它不用每秒钟变化的周数来表示交流电变化的快慢,而是用每秒种所变化的电气角度来表示。交流电变化一周其电角变化为 360,360 等于 2π 弧度,所以角频率与周期及频率的关系为:$\omega=2\pi F$ 或 $\omega=2\pi/T$。

(5)什么是交流电的相位,初相角和相位差?

答:交流电动势的波形是按正弦曲线变化的,其数学表达式为:$e=Em\sin\omega t$。

上式表明在计时开始瞬间导体位于水平面时的情况。如果计时开始时导体不在水平面上,而是与中性面相差一个角,那么在 $t=0$ 时,线圈中产生的感应电势为 $E=Em\sin\psi$。若转子以 ω 角度旋转,经过时间 t 后,转过 ωt 角度,此时线圈与中性面的夹角为:$(\omega t+\psi)$。上式为正弦电势的一般表达式,也称为瞬时值表达式。

式中　　$\omega t+\psi$——相位角,即相位;

　　　　Ψ——初相角,即初相,表示 $t=0$ 时的相位。

在一台发电机中,常有几个线圈,由于线圈在磁场中的位置不同,因此它们的初相就不同,但是它们的频率是相同的。另外,在同一电路中,电压与电流的频率相同,但往往初相也是不同的,通常将两个同频率正弦量相位之差叫相位差。

(6)简述感抗、容抗、电抗和阻抗的意义。

答:交流电路的感抗,表示电感对正弦电流的限制作用。在纯电感交流电路中,电压有效值与电流有效值的比值称为感抗。用符号 X 表示。$XL = U/I = \omega L = 2\pi fL$。

上式表明,感抗的大小与交流电的频率有关,与线圈的电感有关。当 f 一定时,感抗 XL 与电感 L 成正比,当电感一定时,感抗与频率成正比。感抗的单位是欧姆。纯电容交流电路中,电压与电流有效值的比值称做容抗,用符号 XC 表示。即 $XC = U/I = 1/2\pi fC$。在同样的电压作用下,容抗 XC 越大,则电流越小,说明容抗对电流有限制作用。容抗和电压频率、电容器的电容量均成反比。因频率越高,电压变化越快,电容器极板上的电荷变化速度越大,所以电流就越大;而电容越大,极板上储存的电荷就越多,当电压变化时,电路中移动的电荷就越多,故电流越大。容抗的单位是欧姆。应当注意,容抗只有在正弦交流电路中才有意义。另外需要指出,容抗不等于电压与电流的瞬时值之比。

(7)交流电的有功功率、无功功率和视在功率的意义是什么?

答:电流在电阻电路中,一个周期内所消耗的平均功率叫有功功率,用 P 表示,单位为 W。

储能元件线圈或电容器与电源之间的能量交换,时而大,时而小,为了衡量它们能量交换的大小,用瞬时功率的最大值来表示,也就是交换能量的最大速率,称为无功功率,用 Q 表示,电感性无功功率用 QL 表示,电容性无功功率用 QC 表示,单位为乏。在电感、电容同时存在的电路中,感性和容性无功互相补偿,电源供给的无功功率为两者之差,即电路的无功功率为:$Q = QL - QC = UI \sin \varphi$。

(8)什么叫有功? 什么叫无功?

答:在交流电能的发、输、用过程中,用于转换成非电、磁形式的那部分能量叫有功,用于电路内电、磁场交换的那部分能量叫无功。

(9)什么是功率因数? 提高功率因数的意义是什么? 提高功率因数的措施有哪些?

答:功率因数 $\cos \varphi$,也叫力率,是有功功率和视在功率的比值,即 $\cos \varphi = P/S$。在一定的额定电压和额定电流下,功率因数越高,有功所占的比重越大,反之越低。发电机的额定电压,电流是一定的,发电机的容量即为它的视在功率,如果发电机在额定容量下运行,其输出的有功功率的大小取决于负载的功率因数,功率因数低时,发电机的输出功率低,其容量得不到充分利用。

功率因数低,在输电线路上将引起较大的电压降和功率损耗。因当输电线输送功率一定时,线路中电流与功率因数成反比即 $I = P/\cos \varphi$,当功率因数降低时,电流增大,在输电线电阻电抗上压降增大,使负载端电压过低,严重时,影响设备正常运行,用户无法用电。此外,电阻上消耗的功率与电流平方成反比,电流增大要引起线损增加。提高功率因数的措施有:合理地选择和使用电气设备,用户的同步电动机可以提高功率因数,甚至可以使功率因数为负值,即进相运行。而感应电动机功率因数很低,尤其是空载和轻载运行时,所以应该避免感应电动机空载或轻载运行。安装并联补偿电容器或静止补偿等设备,使电路中总的无功功率减少。

(10)什么是三相交流电源? 它和单相交流电比有何优点?

答:由三个频率相同,振幅相等,相位依次互差120度电角度的交流电势组成的电源称为三相交流电源。它是由三相交流发电机产生的。日常生活中所用的单相交流电,实际上是由三相交流电的一相提供的,由单相发电机发出的单相交流电源现在已经很少采用。

三相交流电较单相交流电有很多优点,它在发电、输配电以及电能转换成机械能等方面都有明显的优越性。例如:制造三相发电机、变压器都较制造容量相同的单相发电机、变压器节省材料,而且构造简单,性能优良,又如,由同样材料所制造的三相电机,其容量比单相电机大50%,在输送同样功率的情况下,三相输电线较单相输电线可节省有色金属25%,而且电能损耗较单相输电时少。由于三相交流电有上述优点所以获得了广泛的应用。

(11)对称的三相交流电路有何特点?

答:对称的三相交流电路中,相电势、线电势、线电压、相电压、线电流、相电流的大小分别相等,相位互差120度,三相各类量的向量和、瞬时值之和均为零。三相绕组及输电线的各相阻抗大小和性质均相同。在星形接线中,相电流和线电流大小、相位均相同。线电压等于相电压的$\sqrt{3}$倍,并超前于有关的相电压30度。

在三角形接线中,相电压和线电压大小、相位均相同。线电流等于相电流的$\sqrt{3}$倍,并滞后于有关的相电流30度。三相总的电功率等于一相电功率的3倍且等于线电压和线电流有效值乘积的$\sqrt{3}$倍,不论是星形接线或三角形接线。

(12)什么叫串联谐振、并联谐振,各有何特点?

答:在电阻、感和电容的串联电路中,出现电路的端电压和电路总电流同相位的现象,叫做串联谐振。

串联谐振的特点是:电路呈纯电阻性,端电压和总电流同相,此时阻抗最小,电流最大,在电感和电容上可能产生比电源电压大很多倍的高电压,因此串联谐振也称电压谐振。

在电力工程上,由于串联谐振会出现过电压、大电流,以致损坏电气设备,所以要避免串联谐振。在电感线圈与电容器并联的电路中,出现并联电路的端电压与电路总电流同相位的现象,叫做并联谐振。并联谐振电路总阻抗最大,因而电路总电流变得最小,但对每一支路而言,其电流都可能比总电流大得多,因此并联谐振又称电流谐振。并联谐振不会产生危及设备安全的谐振过电压,但每一支路会产生过电流。

(13)导体电阻与温度有什么关系?

答:导体电阻值的大小不但与导体的材料以及它本身的几何尺寸有关,而且还与导体的温度有关。一般金属导体的电阻值,随温度的升高而增大。

(14)什么是相电流、相电压和线电流、线电压?

答:由三相绕组连接的电路中,每个绕组的始端与末端之间的电压叫相电压。各绕组始端或末端之间的电压叫线电压。各相负荷中的电流叫相电流。各断线中流过的电流叫线电流。

（15）三相对称电路的功率如何计算？

答：三相对称电路，不论负载接成星形还是三角形，计算功率的公式完全相同：有功功率：$P = U_线 * I_线 * \cos\varphi$；无功功率：$P = U_线 * I_线 * \cos\varphi$；视在功率：$P = U_线 * I_线$。

（16）什么叫集肤效应？

答：在交流电通过导体时，导体截面上各处电流分布不均匀，导体中心处密度最小，越靠近导体的表面密度越大，这种趋向于沿导体表面的电流分布现象称为集肤效应。

（17）避雷器是怎样保护电器设备的？

答：避雷器是与被保护设备并联的放电器。正常工作电压作用时，避雷器的内部间隙不会击穿，若是过电压沿导线传来，当出现危及被保护设备绝缘的过电压时，避雷器的内部间隙便被击穿。击穿电压比被保护设备绝缘的击穿电压低，从而限制了绝缘上的过电压数值。

（18）什么是中性点位移现象？

答：在三相电路中电源电压三相对称的情况下，不管有无中性线，中性点的电压都等于零。如果三相负载不对称，且没有中性线或中性线阻抗较大，则三相负载中性点就会出现电压，这种现象称为中性点位移现象。

（19）什么是电源的星形、三角形连接方式？

答：①电源的星形连接：将电源的三相绕组的末端 X, Y, Z 连成一节点，而始端 A, B, C 分别用导线引出接到负载，这种接线方式叫电源的星形连接方式，或称为 Y 连接。

三绕组末端所连成的公共点叫做电源的中性点，如果从中性点引出一根导线，叫做中性线或零线。对称三相电源星形连接时，线电压是相电压的倍，且线电压相位超前有关相电压30°。

②电源的三角形连接：将三相电源的绕组，依次首尾相连接构成的闭合回路，再以首端 A, B, C 引出导线接至负载，这种接线方式叫做电源的三角形连接，或称为△连接。

三角形相连接时每相绕组的电压即为供电系统的线电压。

（20）三相电路中负载有哪些接线方式？

答：在三相电路中的负载有星形和三角形两种连接方式。

负载的星形连接：将负载的三相绕组的末端 X, Y, Z 连成一节点，而始端 A, B, C 分别用导线引出接到电源，这种接线方式叫负载的星形连接方式，或称为 Y 连接。如果忽略导线的阻抗不计，那么负载端的线电压就与电源端的线电压相等。星形连接又分有中线和无中线两种，有中线的低压电网称为三相四线制，无中线的称为三相三线制。星形连接有以下特点：

①线电压相位超前有关相电压30°。

②线电压有效值是相电压有效值的$\sqrt{3}$倍。

③线电流等于相电流。

负载的三角形连接：将三相负载的绕组，依次首尾相连接构成的闭合回路，再以首端 A, B, C 引出导线接至电源，这种接线方式叫做负载的三角形连接，或称为△连接。

它有以下特点：

①相电压等于线电压。

②线电流是相电流的$\sqrt{3}$倍。

学习评价

学习内容	自　评	组长评价	教师评价	备　注	
				85 以上	优
				70 ~ 85	良
				60 ~ 69	中
				60 以下	差
日期：		总评：		教师签字：	

项目**4**

电梯的安装调试

知识目标

1. 知道电梯的安装流程及工艺要求
2. 知道电梯的调试步骤方法。

技能目标

1. 能正确进行电梯的安装及调试。
2. 培养安全文明生产的职业素养。

任务一　电梯安装流程及工艺要求

一、开箱验收

开箱验收的主要内容包括按装箱单验收数量、质量和文件等。

二、曳引装置组装

（1）钢丝绳：规格、型号应符合设计要求；安装时，钢丝绳应擦拭干净，严禁有强弯、松股和断丝现象。

（2）曳引机：曳引机在制造厂作过空载、额定载荷试验和动作速度试验,应有产品合格证。

（3）曳引机承重梁：曳引机承重梁安装必须符合设计和施工的规定。

（4）轿箱上方的空程检查：对重将缓冲器完全压缩时,轿箱上方的空程严禁小于下式规定的数值：$h = 0.6 + 0.035\, v$,

式中　h——空程最小高度,m；

　　　v——电梯额定速度,m/s。

小型杂物电梯的轿箱和对重的空程严禁小于 30 mm。

（5）曳引轮、导向轮检查：曳引轮的垂直度偏差大于或等于 1/2 mm；导向轮端面对导向轮端面的平行偏差严禁大于 1 mm。

（6）限速器检查：限速器绳轮、钢带轮、导向轮安装牢固,转动灵活,其垂直度偏差严禁大于 1/2 mm。

（7）曳引绳张力检查：各绳张力相互差值不大于 10%（合格）,5%（优良）。

（8）制动轮闸瓦调整：制动轮与闸瓦之间的间隙控制在 0.7 mm 以内,且均匀。

（9）曳引钢绳绳头检查：绳股弯曲符合要求,巴氏合金浇灌密实、饱满、平整一致。

三、导轨组装

导轨安装检查,导轨型式、规格必须符合设计要求。检查每根 T 形导轨的直线偏差,导轨导向二侧面的平面度应小于 1/2 mm,全长偏差小于 0.7 mm。导轨安装牢固,相对内表面间距偏差：轿箱,+1,-0；对重+2,-0；两导轨的相互偏差（全高）：1 mm。

当对重(或轿箱)将对缓冲器完全压缩时,对重或轿箱导轨长度必须有不小于0.1 + 0.035 V平方的进一步制导行程。导轨垂直度(每5 m)0.7 mm,接头处允许局部间隙 0.5 mm,允许台阶0.05 mm,允许修光长度250~300 mm。顶端导轨架距导轨顶端的 距离小于或等于500 mm。导轨架安装牢固、位置正确、横竖端正、焊接时,双面焊接、焊逢饱满,焊波均匀。

四、轿箱、层门组装检查

轿箱地坎与各层门地坎间距的偏差均严禁超过正2到负1 mm。开门刀与各层地 坎以及各层开门装置的滚轮与轿箱地坎间的间隙必须在5~8 mm内。轿箱组装牢固,轿壁接口处平整,开门侧的垂直偏差不大于1/1 000,轿箱洁净、无损伤。导靴组装必须符合规范要求。层门指示灯盒及召唤盒安装位置正确,其面板与墙面贴实,横竖端正、清洁美观。门扇应与地面垂直。无论层门的门扇与门扇,门扇与门套,还是门扇下端与地坎间隙,对普通层门控制在4~8 mm。对防火层门控制在4~6 mm。门滑轮架上的偏心挡轮与门导轨下端间隙不应大于1/2 mm。门扇平整、洁净、无损坏,启闭对口不平度应不大于1 mm。门缝在整个高度范围内,应不大于2 mm。

五、电气装置安装

电梯的供电电源线必须单独敷设。电缆规格、电压等级,截面符合设计要求。电气设备和配线的绝缘电阻必须大于0.5 MΩ。控制屏、柜外形尺寸符合设计要求,机房内屏、柜、盘布局合理,横竖端正,符合设计、规范要求,保护接地(接零)系统必须良好。电线管、槽及箱、盒连接处的跨接地线必须紧密、牢固、无遗漏。电梯的随行电缆必须捆扎牢固,排列整齐,无扭曲,其敷设长度必须保证轿箱在极限位置时不受力,不拖地。配电盘、柜、箱、盒及设备配线,连接牢固,接触良好,包扎紧密,绝缘可靠,标志清楚、绑扎整齐美观。电线管、槽安装牢固、无损伤,布局走向合理、出口准确,槽盖齐全平整,与箱、盒及设备连接正确。电气装置附属构架、电线管、槽等非带电金属部分的防腐处理无遗漏,涂漆均匀一致。

六、安全保护装置

各种安全保护开关固定必须可靠,且不得采取焊接。与机械配合的各安全开关,在下列情况时必须可靠动作,并使电梯立即停止运行。

(1)选层器钢带(钢绳、链条)松弛或张紧轮下落大于50 mm时;

(2)限速器配重轮下落大于50 mm时;

（3）限速器钢绳夹住，轿厢上安全钳拉杆动作时；

（4）电梯超速达到限速器动作速度的95％时；

（5）电梯载重超过额定载重量的10％时；

（6）任一层门、轿门未关闭或锁紧（按下应急按钮时除外）；

（7）轿厢安全窗未正常关闭时。

急停、检修、程序转换等按钮和开关的动作，必须灵活可靠。极限、限位、缓速装置的安装位置、功能必须正确。轿厢自动门的安全触板必须灵活可靠。井道内的对重装置、轿厢地坎及门滑道的端部与井壁的安全距离严禁小于 20 mm。曳引绳、运行电缆、补偿链（绳）及其他运动部件在运行中严禁与任何部件碰撞或摩擦。安全钳钳口与导轨顶面间隙不小于 3 mm；间隙差值不大于 1/2 mm。

（8）根据中华人民共和国电梯标准，必须有以下的安全部件。

①断绳开关组件；

②轿顶防护栏；

③被动门开关组件；

④对重防护栏；

⑤缓冲器复位开关（液压缓冲器时）。

七、试运转

运转前要进行全面检查，包括安装质量检查。绝缘电阻测试应合格，并有记录表。接地良好，并有测试数据。电气与机械设备单体检查与调试。加注润滑油或润滑脂。电梯站、井道手动盘车无卡阻。检查电源电压的频率与容量是否符合要求。各系统空载或模拟动作试验应无不正常情况。各继电器的工作正常，信号显示清晰。运行试验必须达到：

（1）电梯起动、运行和停止，轿厢内无大的震动和冲击，制动器可靠。

（2）运行控制功能达到设计要求；指令、召唤、定向、程序转换、开车、载车、停车、平层等准确无误，声光信号显示清晰、正确。

（3）减速器油的温升不超过 60 度。且最高温度不超过 85 度。

（4）电梯能安全启动、运行和停止。

（5）曳引机工作正常。

（6）安全钳试验：轿厢空载，以检修速度下降使安全钳动作，电梯必须可靠的停止，动作后能恢复。

八、应具备的技术资料

（1）各种产品出厂合格证；

（2）曳引机、导向轮、限速器和制动器安装检查记录；

（3）电梯井道、导轨架和导轨检查记录；

（4）电梯轿厢、层门地坎、厅门门套及导轨、门和门扇安装检查记录；

（5）控制屏、柜、配管、配线、电缆敷设检查和电缆、电气设备绝缘电阻测试、接地电阻测试记录；

（6）安全钳、缓冲器、制动器、终端越位开关、配管、配线安装记录；

（7）电梯绝缘电阻、接地电阻、电梯限位开关调试，电梯曳引检查调试、电梯安全钳、缓冲器调试；电梯空载、满载、超载试运转；电梯平层精度调试检查记录和电梯调整、复检报告单；

（8）各分项工程质量检验评定表。

九、验收

安装后，由负责电梯安装的企业进行质量自检，合格后，出具电梯产品质量监测报告，交监理和电梯使用单位。使用单位向建设行政主管部门提出验收申请。由建设行政主管部门按照（GB 10060—93）组织验收。验收合格后，发给《电梯准用证》，有效期为一年。

十、电梯质量保修期

电梯质量保修期以验收合格之日起，由电梯生产企业保修一年，但不超过交货后18个月。

任务二　电梯的调试

一、现场调试准备

（1）首先检查是否具备调试条件。

①用户有否按要求将电源提供到机房（正常或临时）；

②主机加油量是否合适，型号是否正确；

③坑底缓冲器安装完成否；

④各层厅门、门锁是否安装完毕；

⑤电梯接线是否已全部完成；

⑥井道线槽是否已上好盖；

⑦井道引线的金属软管是否固定良好；

⑧各层厅门门套是否已塞好；

⑨井道有否妨碍轿厢、对重架运行的物体；

⑩慢车试运行后的检查，有否发现重大的安装工艺不良问题。

（2）确认现场安装的接线正确无误，绝缘符合安装规范要求。特别要注意安全回路、检修开关等必须有效。

（3）16 mm² 铜芯线。根据实际功率选取。检查控制屏和曳引电动机的地线是否可靠地接地，接地线应为 10 mm²。

（4）旋转编码器线的应套蛇皮管独立线槽敷设，应远离动力线，距离为 0.5 m 以上。

（5）确认旋转编码器安装正常，接线正确，分频比为 4 分频（即电机转动为 256 个脉冲）

（6）门终端开门正常，负载开关接线正确。

注意：当测试绝缘电阻时，要把变频器的全部引线（包括全部控制线和主回路导线）做好记录然后卸除，并把 PC 机输入端子整排地拔离 PC 机主体，然后才进行绝缘测试，以防止损坏变频器及 PC 机输入口。

二、电梯绝缘测定

1. 测试步骤

（1）将电梯停在井道中非端站及非平层位置；

（2）断开 ZDK,K1,断开机房电源开关（380 V 和 220 V），拆除电源板的保险管；

（3）拆除变频器控制端子的所有接线；

（4）拆除停电柜接线端子的所有接线（针对带停电柜的电梯）；

（5）拆除变频器、PC、电源板的地线；

（6）使轿顶、轿厢内所有的开关置于正常状态；

（7）用线夹短接下列控制柜中的端子和元件：端子 R,S,T；端子 U,V,W。

2. 测试方法

（1）用模拟测试表分别测量下表中带（＊）的回路与控制柜接地板之间的绝缘电阻；

（2）用 DC500V 直流高阻表分别测试下表中 1～5 项各回路与控制柜接地板之间的耐压和绝缘电阻。

序　号	电路名称	测试点	标准值/（MΩ）
1	电源	端子 R,S,T 短接点	≥0.5
2	电动机回路	端子 U,V,W 短接点	≥0.5
3	照明回路	220V 端子 FL—39、FL—40	≥0.5
4	照明回路	36V 端子 FL—37、FL—38	≥0.5
5	抱闸回路	端子 FL—12、FL—13	≥0.5
6	信号回路	电源板上端子排 JP1.1～JP1.10、JP2.1～JP2.12	≥0.25
7	控制回路	空气开关 K1 次级端	≥0.25

3.注意事项

（1）不要用高阻表对变频器的控制端子进行测试，否则将损坏变频器的电气元件。

（2）在测试后，必须断开绝缘测试过程中的短接部分，接回拆除的接线。

三、检修状态试运行

（1）分别进行轿顶检修上、下行，轿内检修上、下行，观察检修点动是否正常。

注意：由于电梯初装首次运行，井道情况不清楚，要防止轿厢碰撞井道部件。故上、下行的行程不要太长。运行时若发现轿厢运行方向与指令控制方向相反时，可能有以下情况发生：

①电机速度不能升到检修速度，而是速度很低，而且伴有振动现象，即可能是 PG 旋转编码器的 A,B 相速度反馈线对调接错，此时应对调再接。若仍不能排除故障，则应检查反馈线是否有断线、旋转编码器的输入信号是否有干扰信号存在、旋转编码器的轴连接螺栓是否松脱、或旋转编码器是否损坏。

②速度正常但主机运行方向错，可停机，任意调换电机的两相大线。改后可再试。

先在机房试验轿顶检修轿内检修运行正常后，可进入轿顶、轿内操作。

（2）轿顶操作

①检查各轿顶安全回路的所有开关是否有效。

②检查轿顶检修是否优先。

③在上面①，②项正常后，可试按轿顶上行或下行按钮进行轿顶检修运行。若不正常，应打轿顶急停后进行检查。

④若轿顶检修点动上、下行均正常，可在轿顶检修上、下行，对井道部件进行全行程检查：查看井道部件安装是否正确、门锁是否安装调校好、井道终端开关是否装好、

是否符合安装规范及有效。

⑤平层隔磁板的校正。然后使轿顶检修开关置于轿内状态。

任务三　导轨、导轨架的安装

一、导轨的安装

1．认识导轨

（1）导轨的横截面（断面）形状

一般钢导轨，常采用机械加工方式或冷轧加工方式制作。常见的导轨横截面形状如图 4-1 所示。电梯中大量使用的 T 形导轨如图 4-1(a) 所示，但对于货梯对重导轨和速度为 1 m/s 以下的客梯对重导轨，一般多采用 L 形（图 4-1(b)）导轨（规格为 L75 × 75 ×8 ~ 10）。

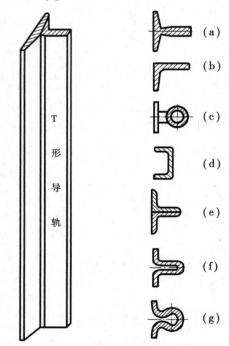

（1）T 形导轨直观图　（2）常见的导轨横截面形状

图 4-1　导轨及其横截面形状

如图 4-1(c)，(d)，(e)所示，常用于速度低于 0. 63 m/s 的电梯,导轨表面一般不作机械加工。

图 4-1(f)，(g)所示为一次冷轧成形的导轨。

（2）T 形导轨的规格

T 形导轨是电梯常见的专用导轨，具有良好的抗弯性能及良好的可加工性能。T 形导轨的主要规格参数，是底宽 b、高度 h 和工作面厚度 k，如图 4-2 所示。我国原先用 $b × k$ 作为导轨规格标志，现已推广使用国际标准 T 形导轨，共有 13 个规格，以底面宽及工作面和加工方法：即以"b/加工方法"作为规格标志。

2．导轨的安装

（1）导轨的连接

架设在井道空间的导轨是从下而上，由于每根的导轨一般为 3 ~ 5 m,因此必须进行连接安装,连接工艺在安装时,两根导轨的端部要加工成凹凸形的榫头与榫槽楔合定位,底部用连接板将两根固定,如图4-3所示(表示两根导轨端部连接后的正立面图与侧立面图)。

（2）导轨的固定

导轨不能直接紧固在井道内壁上,它需要固定在导轨架上,固定方法一般不采用焊接或用螺栓连接,而是用压板固定法,如图4-4所示。

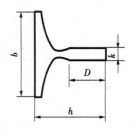

图4-2　T形导轨横截面

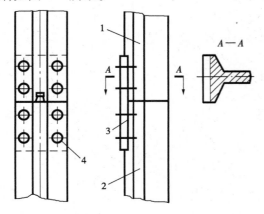

图4-3　导轨的连接

1—上导轨;2—下导轨;3—连接板;4—螺栓孔

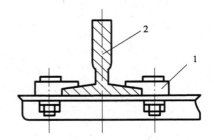

图4-4　压板固定法

1—压板;2—导轨

压板固定法,用导轨压板将导轨压紧在导轨架上,当井道下沉,导轨因热胀冷缩,导轨受到的拉伸力超出压板的压紧力时,导轨就能做相对移动,从而避免了弯曲变形。这种方法被广泛用在导轨的安装上,压板的压紧力可通过螺栓的被拧紧程度来调整,拧紧力的确定与电梯的规格,导轨上、下端的支承形式等有关。

二、导轨架的安装

1. 认识导轨架

导轨架作为导轨的支承件,被安装在井道壁上。它固定了导轨的空间位置,并承受来自导轨的各种作用力。导轨架有各种形状,常见的有山形导轨架、L形导轨架、框形导轨架三种,如图4-5所示。

2. 导轨架的安装

（1）用地脚螺栓

将尾部预先开叉的地脚螺栓固定在井壁中,埋深度不小于120 mm,然后将导轨架旋紧固定,如图4-6所示。

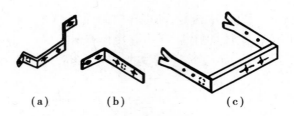

图 4-5　导轨架的种类

(a)山形导轨架(轿厢导轨架);(b)L 形导轨架(对重导轨架);

(c)框形导轨架(轿厢、对重导轨共用架)

(2)用膨胀螺栓

以膨胀螺栓代替地脚螺栓,不需预先埋入,只需在现场安装时打孔,放入膨胀套筒螺母,然后拧入螺栓,至螺栓被胀开固死即可,因此具有简单、方便、灵活可靠的特点,是目前常用的一种方法,如图 4-7 所示。

图 4-6　用地脚螺栓固定

1—导轨架;2—地脚螺栓

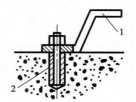

图 4-7　用膨胀螺栓固定

1—导轨架;2—膨胀螺栓

(3)预埋钢板弯钩

预先将钢板弯钩按导轨架安装位置埋在井道壁中,在安装时将导轨架焊在上面。为了保证强度,焊缝应是双面的。如图 4-8 所示。

(4)用螺栓穿入紧固

当井道壁的厚度小于 100 mm 时,以上几种方法都不能采用,这时可采用螺栓穿过井道壁,同时要在外部加垫尺寸不小于 $100 \times 100 \times 10$ mm(长×宽×厚)的钢板,如图 4-9 所示。

(5)预埋导轨架

在土建时,井道壁上预留埋入孔,然后在安装时将导轨架端部开叉埋入,深度不小于 120 mm,如图 4-10 所示。

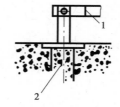

图 4-8　预埋钢板弯钩

1—导轨架;2—钢板弯钩

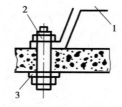

图 4-9　螺栓穿入紧固

1—导轨架;2—螺栓;

3—钢板垫

图 4-10　预埋导轨架

1—导轨架;2—井道壁

任务四　导靴、缓冲器的安装

一、导靴的安装

导靴的凹形槽（靴头）与导轨的凸形工作面配合，使轿厢和对重装置沿着导轨上下运动，防止轿厢和对重运行过程中偏斜或摆动，如图4-11所示。

导靴分别装在轿厢和对重装置上。轿厢导靴安装在轿厢上梁和轿厢底部安全钳座（嘴）的下面，共4个，如图4-12所示。对重导靴是安装在对重架的上部和底部，一组共4个，如图4-13所示。实际上导靴是在水平方向固定轿厢与对重的位置。

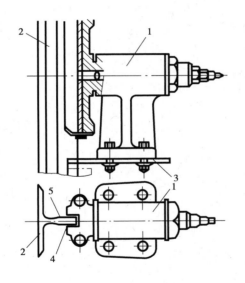

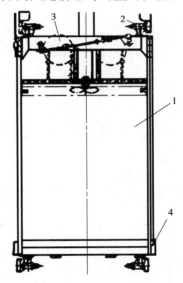

图4-11　导靴与导轨配合
1—导靴；2. —导轨；3—轿架或对重架；
4—导靴凹凸槽；5—导轨凸形工作面

图4-12　装在轿厢上的导靴
1—轿厢；2—导靴；3—轿厢上梁；
4—安全钳座（嘴）

一个导靴一般可以看成是由带凹形槽的靴头、靴体和靴座组成，如图4-14所示。简单的导靴可以由靴头和靴座构成。靴头可以固死的，也可以流动（滑动）的；靴头可以是凹形槽与导轨配合，也可以用3个滚轮与导轨配合运行。

由于固定式导靴的靴头是固死的，没有调节的机构，导靴与导轨的配合存在一定的间隙，随着运行时间的增长，其间隙会越来越大，这样轿厢在运行中就会产生一定的晃动，甚至会出现冲击，因此固定式导靴只用于额定速度低于0.63 m/s的电梯。而弹簧式滑动导靴与固定式滑动导靴的不同之处就在于靴头是浮动的，在弹簧力的作用

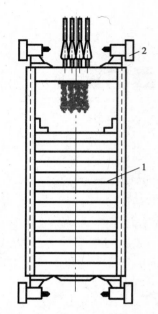

图 4-13　装在对重装置上的导靴
1—对重装置;2—导靴

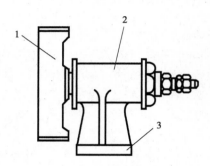

图 4-14　导靴的组成
1—导靴头;2—导靴体;3—导靴座

下,靴衬的底部始终压贴在导轨端面上,因此能使轿厢保持较稳定的水平装置,同时在运行中具有吸收振动与冲击的作用。为了减少导靴与导轨之间的摩擦力,节省能量,提高乘坐舒适感,在运行速度 $v > 2.0$ m/s 的高速电梯中,常采用滚轮导靴取代弹性滑动导靴。

二、缓冲器的安装

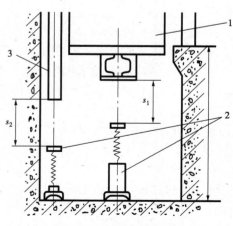

图 4-15　用地脚螺栓固定
1—轿厢;2—缓冲器;3—对重

缓冲器一般安装在底坑的缓冲器座上。若底坑下是人能进入的空间,则对重在不设安全钳时,对重缓冲器的支座应一直延伸到底坑下的坚实地面上。

轿底下梁碰板、对重架底的碰板至缓冲器顶面的距离称缓冲距离,即图 4-15 中的 S_1 和 S_2。对蓄能型缓冲器应为 200 ~ 350 mm;对耗能型缓冲器应为 150 ~ 400 mm。

油压缓冲器的柱塞铅垂度偏差不大于 0.5%。缓冲器中心与轿厢和对重相应碰板中心的偏差不超过 20 mm。同一基础上安装的两个缓冲器的顶面高差,应不超过 2 mm。

知识拓展 电梯专业英语词汇

abbreviation 缩语

abnormal 不正常的,反常的

abnormality monitoring 异常监听

abrasion 磨损

abrasion resistant 耐磨性

abrasive cloth 砂布

absorb 吸收

absorber 减振器

AC drive 交流拖动

AC feedback control 交流反馈控制

AC motor 交流电机

AC servo 交流伺服

AC servo motor 交流伺服电机

AC single speed 交流单速

AC two speed 交流双速

AC two speed motor 交流双速电动机

AC variable speed 交流调速

AC(alternating current) 交流电

scanning cycle 扫描周期,扫描循环

acceleration control system 加速度控制系统

acceleration(accel)rate 加速器

accelerator 加速器

acceptance of lift 电梯验收

acceptance period 验收阶段

acceptance test 验收试验

acceptance certificate 验收证书

access door 检修门

access forbidden 禁止入内

access lift 通道电梯

access security 通道防卫

access switch 通道开关,维修用开关

access way 进出通道

accessibility 可通达性,接近的,难易程度

accessible 允许进入

accessible space 允许进入的场地

accessory 配件,附件

accident 事故

accident insurance 事故保险

accident prevention 事故预防

accidental contact 触电

accidental operation 误操作

accordion door 折叠门

accumulation 累积

accumulator 蓄电池

AC-GL machine 交流无齿曳引机

acoustic 听觉的,声音的

acrew die 板牙

activate 启动,触发

active mode 主动模式

actual condition 实际状况,实际条件

actual load 实际载荷

actual state 实际状况

actual value 实际值

actuate 开动,操作,激励

actuating linkege 操作连杆

actuating magnet 操作磁铁

actuation time 动作时间

actuator 操纵机构,激励器,螺线管

actuator bracket 调节器支架

actuator plate 调节板

ACVF drive 交流调频拖动

ACVF system 交流调频系统

ACVF(AC variable frequency) 交流调速

ACVV dirve 交流调压拖动

ACVV system 交流调压系统

ACVV(AC variable voltage) 交流调压

adaptation 适应,匹配

adapter PCB 选通脉冲印刷电路板

adapter(adapator) 适配器

adapting 选配

adaptive control system 自适应能力控制系统

addendum 齿顶高,附录

addendum circle 外圆

adding working drawing 附加加工图

addition 附加物,加法

additional materials 附加材料

address 地址

adhesion 胶,黏合胶

adhesion protective oil 防黏油

adhesive foil 胶黏薄膜

adhesive tape 胶带

adjacent 邻近的

adjacent car 相邻轿厢,相邻电梯

adjacent entrance 相邻出入口

adjusment 调试

adjustable condensor 可变电容器

adjustable resistance 可调电阻

adjustable spanner 可调扳手

adjustable speed electric drive 调速电力拖动

adjustable wrench 活动扳手,可调扳手

adjusting screw 调节螺丝

adjustor 调试员

administation overjhead rate 管理费用标准

administration cost 管理成本

administration expenses 管理费用

advance door opening 提前开门

advance payment 预付款

advanced 提前的,先进的

advanced carriage 超前拖板(选层器)

advancing position reference value 超前位置参考值

aerial cableway 空中缆车,架空索道

aerial ropeway 空中缆车,架空索道

aerial tramway 空中缆车,架空索道

aesthetic 美观

after sales service 售后服务

agency 代理

agenda 议程

air cord (门机用)航空钢丝绳

air purifier 空气滤清剂

air ventilator 通风管

air-bleed 空气分泄器

airborne noise 空气传播噪声

air-condition 空调

air-gap 气隙

alarm 警报

alarm bell 警铃

alarm button 警铃按钮

alarm buzzer 警报蜂鸣器

alarm circuit 警报电路

alarm system 警报系统

ALC(autoclaved light-weight concrete) 蒸压轻质混凝土

alcove arrangement 电梯 U 形排列法

algorithm 算法规则系统

align 校正

aligning template 校正样板

alignment 校正

alignment gauge 校正量规

alkali 碱

all-computer-controlled 计算机全控的

allocation 分配,分派

allocation of landing call 层站呼梯指令分配

allowance 允用误差,加工余量

allowble stress for temporary load 允许暂时应力值

alloy 合金

alloy steel 合金钢

alteration 改进

alternate floor 隔层

alumina　氧化铝

aluminum　铝

aluminum alloy　铝合金

aluminum bronze　铝青铜

aluminum cladding　铝制包层

alumite　防蚀铝

alundum　氧化铝

ambient　环境的

ambient noise　环境噪音

ambient temperature　环境温度

ammeter　安培计

ammonia　氨

amperage　电流强度

ampere　安培

amplification　放大

amplification stage　放大等级

amplifier　放大器

amplifying tube　放大管

amplitude　幅度

analog adder　模拟加法器

analog computer　模拟计算机

analog speed card　模拟曲线板

analog-digital converter　模拟-数字转换器

analogue(analog)　模拟

analysis　分析

analysis mode　分析模拟

anchor bolt　地脚螺栓

anchorage　锚具,锚定

angle bar　角钢

angle guide　角铁导轨

angle iron　角铁

angle iron frame　角铁框架

angle of contact　接触角

angle of deflection　导向角

angle of inclination　倾斜角

angle of lead　导程角

angle of traction　曳引机包角

angle of wrap　包角

angle steel　角钢

angular contact ball bearing　向心推力球轴承

angular contact bearing　角面接触滚动轴承

angular gear　斜齿轮

angular retardationg　角减速度

angular velocity　角速度

anneal　退火

annealing　退火

annual inspection　年检

annual report　年度报告

annunciator　报音器,声音合成器

anode　阳极

anodize　氧极氧化

ANSI(America National Standard Instirute)
　美国国家标准协会

anti-clockwise　逆时钟方向

anti-corrosive paint　防腐蚀漆

anti-creep　防蠕动

anti-friction bearing　抗摩擦轴承

anti-nuisance　防干扰

anti-nuisance device　防捣乱装置

anti-phase braking　反向制动

anti-phase current　反相电流

anti-rebound of compensation rope device
　补偿绳防跳装置

anti-residual　防剩磁

anti-resonance　抗谐振

anti-reversion device　防反转装置

anti-rust　防锈

anti-stall　防空转

anti-vibralion pad　防震垫

APM(automatic people mover)　自动人员
　运输机

apparent power　视在功率

apparent output　视在输出

applicant　申请人

application　申请

application guide　应用指南

　aprons　裙板

　arbour　轴,杆

arc chamber　电弧隔离室

arc protection　防电弧

arc quenching　熄焊弧

arc shield　电弧屏蔽

arc suppressor　灭焊器

architect　设计单位

architecture　建筑学

architrave　门框

area　面积

arm　臂,支路

armature　电驱

armature coil　电驱线圈

armature current　电驱电流

armature lamination　电驱铁芯片

armature shaft　电驱轴

armature spider　星形轮

armature winding　电驱绕组

armoured　蛇皮管的

armoured cable　蛇皮管电缆

armoured conduit　导线管

arrangement　布置

arrival bell　到站铃

arrival buzer　到站蜂鸣器

arrival floor　到达楼层

arrival gong　到站钟

arrival rate　到站率

article of consumption　消耗品

artificial intelligence　人工智能

artistic　工艺

artistic face　工艺表面

asbestos packing　石棉盘根

ascending　上升

ASIC(application specific integrated circuit)

专用集成电路

assemble　装配

assembler language　汇编语言

assembly of hinge　铰链组装

assign　分配

astragal　装饰镶条

atmospheric influence　大气影响

attachment　附件

attendant control　有司机控制

attendant control compartment 有司机控制盒

attendant operation　有司机操作

audible signal　音响信号

audio tape recording　磁带录音

authority　当局,核准部门

authority of lift acceptance　电梯验收部门

authorized　授权的,核准的

authorized user　核准使用者

auto-adaptation　自适用

AutoCAD　自动计算机辅助设计

autographic recoder　自动记录仪

automatic　自动的

automatic allocator　自动分派器

automatic by-pass　自动直驶

automatic center opening sliding door　自
　　动中分式滑动门

automatic closer　自动关闭门

automatic dispatch　自动调度

automatic door　自动门

automatic homing　自动回基层

automatic landing　自动停站

automatic landing system by spare battery
　　靠备用蓄电池的自动停站设备

automatic leveling　自动平层

automatic lubricator　自动润滑装置

automatic parking garage　自动停车库

automatic parking system　自动停车系统

automatic relevelling　自动平层校正

automatic rescue device 应急救助装置

automatic return 自动返回

automatic telescopic center opening sliding door 自动中分式折叠滑动门

automatic telescopic sliding door 自动折叠式滑动门

automobile lift 汽车电梯

autowalk 自动人行道

auxiliary apparatus 辅助装置

auxiliary brake 辅助制动器

auxiliary cicuit 辅助电路

auxiliary contact 辅助触点

auxiliary drive 辅助驱动

auxiliary lock 辅助锁

auxiliary materials 辅助材料

auxiliary value 辅助量

auxiliary winding 辅助绕组

available area 有效面积

average 平均

average car load 平均轿厢负载

average dispatching interval 平均调度间隔时间

average interval 平均调度间隔时间

average passenger waiting time 平均乘客候梯时间

average response time 平均应答时间

average waiting quest 平均乘客量

average waiting time 平均乘客候梯时间

axial flow fan 轴流式风扇

axis 轴线

axle 轴

babbit 巴氏合金

babbit lined bearing 巴氏合金衬里轴承

babbit melter 巴氏合金熔化器

babbit metal 巴氏合金

babbit rope socket 灌注式巴氏合金绳头

back current 反向电流

back e. m. f 反电动势

back lash 轮齿隙

back plunger type 后部柱塞式(液压梯)

back side 后侧,后边

back type governor 轴流式限速器

back wall 后壁

baked enamel 烤漆

balance weight 平衡器

balance 平衡

balance chain 平衡链

balance coefficient 平衡系数

balanced traffic 平衡交通

ball bearing 滚珠轴承

ball cup 球形碗

ball pin 球形销

ball stop valve 球形断流器

ball type bearing 滚珠轴承

ballast 镇流器

balustrade deching 外侧盖板

balustrade exterior panelling 外装饰板

balustrade lighting 扶手照明

balustrade panel 扶手板

balustrade skirting 扶手群板

balustrades 扶手装置

bandsaw 带锯

bank 银行,群组,排

bar 条,棒

bar code 条形码

bar lock 杆式锁

bare wire 裸线

barricade 防护墙,隔墙

barrier 隔板,栅栏

base 基座,基础

base plate 基板

basement 地下室

basement service 地下室服务

basement type 底吊式

basic logic element　基础逻辑元件
basic logic function　基础逻辑功能
batch production　批量生产
battery　电池
battery-backed　电池支持的
battery box　蓄电池箱
battery charger　电池充电器
baud rate　波特率
BCD(binary coded decimal)二进制编码
　　的制
beam　梁
beam pad　井道内电缆保护垫片
beam pulley　抗绳轮
bearing　轴承
bearing bracket　轴承支架
bearing cap　轴承盖
bearing load　轴承负荷
bearing plate　承重板
bearing play　轴承间隙
bearing sleeve　轴承衬套
bearing stand　轴承座
bed lift　病床电梯
bed plate　底座
bell　铃
belt　胶带
belt drive　胶带传动
belt grinder　胶带磨床
belt pulley　胶带轮
belt type moving walk　带式自动人行道
　　bending　弯曲
　　bending stress　弯曲应力
　　benzine　轻汽油
　　bevel gear　伞(斜)齿轮
beveled washer　斜垫圈
BGM(background music)　背景音乐
BGM speaker　背景音乐扬声器
bias　偏置,偏移

bid　投标,报价
bid table　报价单
bidder　投标
bidding cycle　投标有效期限
bidding procedure　投标(报价)程序
bill of delivery　发货单
bill of lading　海运提单
bill of expenses　费用账单
bill of materials　材料单
billing　开发票
binary　二进制
binder　装订册
bi-parting　对开式(上下开启)
bi-parting door　垂直中分门
bipartite light transistor　双分式光电管
bistable magnetic swich　双稳态磁开关
bistable switch　双稳态磁开关
bitumen　沥青
blade　叶片,刀片,锯片
blade connector　刀形连接器
bleed-off circuit　泄放电路
blind hoistway　盲(无门)井道
block chart　方框图
block diagram　方框图线路
block of flats　住宅楼区
blocking of control circuit　控制电路闭锁
blower　鼓风机
blower coil　吹弧线圈
blower motor　风机电动机
blue print　蓝图
boarding floor　登梯楼层
boarding time　登梯时间
boarding　登梯
boarding landing　登梯层站
boarding passenger　登梯乘客
boarding rate　登梯率
boarding stop　登梯停站

boarding zone　登梯区域

bobbing　绕线管

boldface type　粗字体

bolt　螺杆

booster　升压机

border condition　边界条件

bore hole　钻孔,镗孔

boring　镗

boring lathe　镗床

boring machine　镗床

boring miller　镗铣床

bottom　底部

bottom car clearance　轿底安全高度间隙

bottom car overtravel　底部轿厢越程

bottom car runby　底部轿厢越程

bottom clearances for car　轿底间隙

bottom counterweight clearance　轿底对重间

bottom counterweight overtravel　轿底对重越

bottom counterweight runby　轿底对重越程

bottom door retainer　门下角

bottom floor　底部楼层

bottom runby　底部越程

bottom slow down switch　底部减速开关

bottom stop　底部停战

bottom terminal floor　底部楼层

bottom terminal landing　底部端站

bottom terminal stop　底端停站

box　盒,箱

box counterweight　箱式对重

Braille　盲文字符

brake　制动器

brake arm　制动器臂

brake contact　制动器触点

brake contact　制动器联轴器

brake dish　制动盘

brake drum　制动轮

brake energy　制动力

brake level　制动器杠杆

brake lever　制动器手柄

brake lining　制动器衬套

brake linkage　制动器连杆

brake operater switch　制动操纵开关

brake pin　制动器销

brake press　折弯机,压弯机

brake pulley　制动轮

brake release lever　制动器松闸手柄

brake release magnet　制动器送闸磁铁

brake release time　制动器松闸时间

brake shoe　制动靴

brake spacing　制动器间距

brake spring　制动弹簧

brake tension　制动器张紧力

brake torque　制动器力矩

brake wrench　制动器扳手

braking　制动

braking distance　制动距离

braking force　制动力

branch circuit　分支电路

brass founder　铸铜

break　切断,破断

break-down　故障

breaking load　破断负荷

breaking strength　破断强度

breaking test　破坏实验

breather　通气管

brick　砖

brick-layer　砖砌工

bridge circuit　桥式电路

bridge connector　桥接器

bridge jumper　桥接片

bridge rectifier　桥式整流器

bright controlling　光度控制

broach　拉力

broaching machine　拉床

brochure 手册

broken chain contact 断链触点

broken circuit 断路

broken drive chain contact 主驱动链保护装置

broken drive-chain safety device 驱动链条保护装置

broken rope contact 驱动链条列断安全装置

broken step chain contact 断绳触点

broken step chain device 断绳开关

broken step chain safety device 梯级链断列触点

broken step safety device 梯级破列安全装置

broken tape switch 短带开关

bronze 铜

bunching 成组,成群

brush finished stainless steel 哑光不锈钢

brush holder 刷握,滑环

brush yoke 刷架

budget 预算

buffer 缓冲器

buffer base 缓冲器底座

buffer plate 缓冲器板

buffer plunger 缓冲器柱塞

buffer return spring 缓冲器复位弹簧

buffer stand 缓冲器台

buffer striking plate 缓冲器撞板

buffer stroke 缓冲器冲程

buffer support 缓冲器支承

buffer switch 缓冲器开关

builder's work drawing 土建图纸

building facility 大楼设施

building supervision center 大楼监管中心

builder 建筑单位

building 建筑

building area 建筑面积

building contractor 建筑承包商

building manager 大楼管理者

building monitoring and security system 大楼监管和安全系统

building population 大楼居住人口

built-in 内装

built-in escalator 组合式自动扶梯

bumper 弹簧式缓冲器

bumper rail 防撞板

bumpy ride 颠簸振动的运行

buried 埋入的

burn in (程序)灌入

burr 毛刺,毛边

burr free 去毛刺

bus 总线

bus bar 汇流条

bush 衬套

bushed bearing 加衬轴套

bushing 衬套,轴套,套筒

butt joint 平接,对焊

button 按钮

button switch 按钮开关

buyer 买方

buzzer 蜂鸣器

buzzer switch 蜂鸣器开关

bypass 直驶

by-pass button 直驶按钮

by-pass valve 溢流阀

bypassed floor 直驶不停楼层

bypassed stop 直驶不停层站

学习评价

学习内容	自　评	组长评价	教师评价	备　注	
				85 以上	优
				70 ~ 85	良
				60 ~ 69	中
				60 以下	差
日期：		总评：		教师签字：	

项目**5**

电梯的维保及故障排除

知识目标

1. 知道电梯的定期维护保养常识
2. 知道电梯故障的检查测量方法

技能目标

1. 学会电梯的故障分析
2. 学会电梯的故障排除

任务一　电梯的定期维护保养

电梯与其他机电设备一样,需要定期检查、保养和维护。通过对电梯设备的定期保养、维护,可以使电梯最大限度地达到原设计、制造的标准和技术要求;并可保证电梯设备的安全可靠运行,降低故障率和延长电梯设备的使用寿命。

一、建立管理制度,不断改善硬件条件

在对维保工作管理和硬件应用上,各安装维保单位应建立一套完整的、系统的保证定期维保工作质量的管理制度和措施;并不断改善硬件条件,提高维保工作的效率、质量和用户满意度。

(1)建立岗位责任制,使维保工作的文件化、书面化管理工作与用户确认、监督管理的办法紧密结合起来。

①由于维保工作的独特性,决定了它具有工作量伸缩性大、维保工作的现场及维保的工作时间不易进行控制、管理的特点,因此,必须把相应维保梯的定期检查、保养和维护等项工作,分别责任到相关人员。这样,既可调动、提高现场维保人员工作的主动性、灵活性和工作责任心;又可确实加强现场的维保工作。

②维保工作及其效果的好坏,用户最有发言权;让维保人员把定期维保的工作情况及结果,以书面形式向用户报告,并得到用户的签字认可,且结果反馈公司(留底存档)。这样,既可对维保工作进行有效地监督、管理,又可提高用户的满意度。

(2)建立定期拜访用户、收集用户反馈信息,并进行维保工作的质量抽查、监督管理的制度。

①应建立专门管理制度,定期派人拜访用户,获取用户反馈信息,把获取的用户/现场信息等第一手资料,及时反馈给设计制造以及技术、安装等部门,以便进行产品质量和工作的改进;并动态跟踪、处理用户的疑问或投诉,提高顾客满意度。

②对维保工作的监督,仅仅靠用户的监督或确认是远远不够的(因用户毕竟不是专业人士)。须采取由负责维保工作的领导和维保监督员进行定期抽检,与专职质量检验(验收)人员的不定期专项检验相结合的办法进行管理。保证定期维保工作能够严格地按维保技术规程进行,从而对定期维保工作(出勤、安全、维保质量和服务情况等)实行有效地监督、控制和管理。

(3)建立维保梯的用户档案——即维保梯数据库管理系统,提高维保管理工作的效率。

①对每一台维保梯用户须建立用户档案,尤其对刚投入使用的电梯,可把电梯的使用和各重要机件(如门系统、电气控制系统、机械系统等)的故障等情况,输入维保梯

数据库管理系统,然后进行分类、统计和分析处理。这样,可找出电梯故障率偏高的原因,然后"对症下药",不断地改进产品质量和安装维保工作质量,提高电梯设备的可靠性、降低电梯故障率。

②可以依据建立的用户档案资料,积累电梯的使用和故障情况,以及维保工作(包括更换零部件)等的原始数据资料。并通过对这些数据资料的统计、分析,对影响电梯可靠性的因素(如电脑死机、易于磨损或故障的零部件等),提前进行预处理或更换易损件;采取积极、预防性的维修保养措施,可以提高维保工作的效率和用户的满意度。

③可以把维保人员的日常工作情况、保养记录,以及用户梯的使用、故障和更换零部件等日常工作数据(包括电/扶梯年检验收时间、费用情况等资料),输入维保梯数据库管理系统。有利于加强对维保人员工作的监督、控制和管理,也有利于针对性地确定该用户电梯的具体维保工作周期,制订维保计划或大中修计划,同时也有利于各项管理工作和具体管理措施的落实。

(4)对具备条件的用户单位(如电梯台数相对较多、集中的用户或地区),采用远程监控/监视系统,可实行24小时热线召修服务,提高用户满意度。

①远程监控/监视系统能够对电梯的运行、故障及保养工作等情况进行及时的动态监控、记录,为有效地实行24小时热线召修服务,提高用户满意度,奠定坚实的物质条件和基础。

②远程监控/监视系统还能够对维保人员的工作情况(如抢修服务的及时性和保养工作时间等情况)进行有效地监控、管理,可极大地提高维保工作的效率、质量,有利于维保工作的合理化和科学化管理。

二、制订专门的定期循环检查保养的技术规程

在技术上,应制订专门的适用于各种具体型号电梯的定期循环检查保养的技术规程,并严格地执行,才能从技术上有效地保证电梯设备的定期检查、保养和维护工作的质量。

(1)针对不同型号电梯的特点和用户具体使用的情况,制订专门的定期循环检查保养技术规程的必要性:

①电梯设备和其他机电设备一样,需针对其使用环境、使用频次等不同情况,采取不同的保养周期,才能最大限度地保证电梯设备的安全可靠运行、降低故障率和延长设备的使用寿命。

②通常电梯的定期循环保养周期,有日检、周检、月检、季检、年检、专检6种方式,针对不同型号电梯的特点和用户具体使用的情况,制订专门的检查保养工作内容或计划,是必要的。因为每种保养制度、方式,都有其各自的重点和具体内容,在前后环节上,都是互相紧扣和密切联系的,保养人员须根据电梯的现有状况和使用频次等情况,制订该梯具体的保养方式,然后认真、严格地按技术规程和制订的保养计划执行,才能真正地保证电梯的安全可靠运行、降低故障率和延长使用寿命。

（2）各项保养制度（定期循环保养检查周期）的异同点，以及保养的重点部位及其具体技术要求：

①每日检查保养制度。适用于电梯台数比较集中、较多，且现场常驻维保人员的重大工程项目电梯的每日检查保养；当然也适合自备维保工的用户单位梯的保养。该具体检查内容还可作为负责维保工作的领导进行日常维保工作抽检的首检内容。a. 要求维保人员每日向电梯司机或管理员了解电梯使用情况，并亲自巡视检查电梯的运行及各部位使用情况，作好日记录。b. 每日检查保养的重点部位应放在电梯运行的可靠性上（即电梯运行动作的正确性、电梯运行速度的稳定性和有无故障），确保电梯不带故障、安全运行。c. 在电梯运行动作的正确性方面，主要检查各按钮、信号指示、平层、电梯运行、超满载功能等情况。d. 在电梯运行稳定性方面，主要检查电梯运行时，速度是否正常、稳定，有无异常声响，门机开关门时是否正常平稳等。

②每周检查保养制。适合于电梯设备使用频率非常高，以及重点、关键用户单位电梯的保养工作。当然，每周检查保养工作内容也适合于维保监督员进行日常维保质量抽检工作的检查内容。a. 每周检查保养工作的重点应放在检查保养电梯的安全装置，以及电梯运转零部件的灵活性方面。b. 在电梯运行安全装置的安全可靠性方面，主要需检查保养电梯各层门门锁、电气联锁触点和安全回路各安全开关的可靠，以及制动器制动性能和轿门安全保护装置的情况。c. 对电梯运转零部件灵活性方面，主要需检查保养轿层门滑轮滑块和门机各运动部件的灵活性，以及电机、蜗轮蜗杆、导向轮等转动清洁润滑状况。

③每月检查保养制度。适用于大多数运行状况良好电梯的日常保养工作。当然，每月检查保养工作内容同样可作为维保监督员和专职质量检验人员对维保工作质量进行抽查、检验时的检查内容。a. 每月检查保养工作的重点是，检查电梯因频繁运行而可能易松动、易磨损的部件（如轿层门）的牢固性和完好性，使电梯在整体结构上，处于完整无损、牢固、安全可靠的良好工作状态。b. 在电梯各紧固部位牢固性方面，须检查保养的内容主要是轿层门各处的螺栓、层门自复门装置、导轨支架压板螺栓、曳引绳绳头、平衡补偿装置、控制柜中各电气紧定螺钉、井道信息装置等。c. 对因滑移滚动易磨损部位的完整、可靠性方面，须检查保养或更换的内容主要是轿层门滑轮滑块、门机传动带、导靴的靴衬、各熔断器熔芯曳引、曳引钢丝绳等。d. 当然，对未进行日检和周检保养工作的电梯，在进行月度保养时，必须把相应的日检和周检保养工作要求的内容（保养、检查项目）纳入月度保养工作的范畴，且对电梯进行一次较全面清洁卫生和定期检查、保养的维护工作。

④季度检查保养制度。适用于运行状况良好、使用频次较低的用户电梯的保养，以及对执行正常月度保养工作时未进行或易疏忽、遗漏掉项目的保养。同样，季度检查保养工作内容也可作为维保监督员和专职质量检验人员在进行维保工作质量抽查时的检查内容。a. 季度检查保养工作的重点，应放在影响电梯工作可靠性的各部件之间的配合间隙或相对尺寸的检查、调整和保养上，并兼顾日检、周检、月检时疏忽、遗漏的地方。b. 季度保养中，对电梯各运动部件之间的配合间隙或相对尺寸进行检查、调

整的主要内容有检查调整自动门机系统、门刀与各层厅门地坎间距、轿层门电气联锁触点的可靠啮合性,以及曳引钢丝绳各绳之间的涨紧度、制动器的间隙、轿厢对重装置的撞板与缓冲器顶面的距离、安全嵌楔块与导轨两侧间隙和平层精度等。

⑤年度检查保养制度。适用于电梯在政府部门年检前的例行检查保养。当然,年度检查保养工作内容同样可作为专职质量检验人员在进行年度年检维保工作质量检验时的必检内容。a.年度检查保养工作的重点是,对电梯的安全可靠性、易磨损零部件以及各系统部件重要相关尺寸,进行一次全面、系统的检查、维护保养工作。b.对需年度检查保养的电梯,须检查保养的部位和主要内容有:电梯整机性能和安全可靠性进行检查、测试,对易磨损零部件及其完整可靠性进行更换,对影响电梯工作可靠性的各运动部件之间的重要的配合间隙或相对尺寸进行检查、调整等。

⑥专项检查维保制度。适用于电梯使用期限较长和/或问题故障较多的情况,一般进行专项检查保养的周期为3~5年,当然,根据电梯具体使用、维护状况而有所变化(或提前或延后)。同样,专项检查保养工作内容可作为专职质量检验人员在进行专项维保工作质量检验时的必检内容。a.电梯的专项检查维保工作就是我们通常说的项目修理或大修,需要维保人员根据电梯具体状况确定专项检查维保的内容。但对涉及的安全项目(如限速器安全钳、安全回路各开关、门保护系统等)必须作为专项检查维保的必检项目。b.虽然电梯具体状况不同,电梯的专项检查维保即项目修理或大修工作的内容会各异,但常见专项修理项目内容有:曳引机制动器、各种绳轮、导轨、曳引钢丝绳、轿层门、补偿装置、井道信息装置、控制柜中的各电器元件等的检查保养或更换。

三、电梯安全管理制度示例

(1)为保证电梯的安全使用和乘载人员的安全,特制定本制度。

(2)电梯必须经检测合格,取得使用许可证后方可使用。

(3)电梯应由锅炉车间指定专人操作。电梯操作人员应经过专门培训考试合格,持有特殊工种作业人员考试合格证上岗。

(4)电梯操作人员必须熟悉电梯结构,性能和电气、机械工作原理,掌握电梯运行中各环节的关系,熟悉掌握电梯操作方法。

(5)电梯操作人员必须严格执行安全操作规程,工作时要集中精力,精心操作,确保安全。

(6)使用电梯不得超负荷运行。搭乘电梯的人员只允许附带少量轻便零部件。电梯装运笨重的备品备件和数量较多的工器具时,不准搭乘人员。

(7)电梯内严格禁止装运易燃、易爆、有毒、有害物品和带有放射性物质而有可能引起人员伤害的检测仪器。

(8)电梯在运行时,禁止进行擦拭、润滑和修理工作。

(9)每日工作完毕,电梯操作人员应将轿厢返回零米层,将厅门关闭,并取下钥匙。

（10）当发现电梯电气线路导线有破损时，应及时通知电气人员修理。当发现电梯金属部分存在漏电时，必须停用，并通知电气人员检查处理。

（11）电梯在运行中发生轿厢超位或中途停顿现象时，必须先将电动机电源切断，然后进行手动处理，直到正常为止。

（12）电梯操作人员和搭乘电梯人员都必须切实遵守电梯操作规程和本制度。

任务二　学会电梯故障的检查测量基本方法

电梯是机电一体有机结合的设备，故障主要发生在机械和电气两大系统中，故障的原因主要有电梯设计的不完善，制造安装的质量不好，维修保养的质量不好，以及设备老化、使用不当等。因此一旦电梯发生故障，首先要判定是机械系统还是电气系统出了故障，继而查明故障所在，才可能以最短的时间迅速排除故障。

如何才能迅速的判断出机械还是电气系统故障呢？首先利用该型电梯在轿厢控制盘设置的检修状态控制功能，对轿厢进行检修上（下）运行操作可以确定，因为检修状态上（下）运行，是电梯最简单的点动定行电路，中间没有控制环节。它直接控制主拖动回路，如果检修运行正常，它标志着：①电梯门系统电路通路；②急行电气线路通路；③主拖动电气回路正常；④曳引机、限速器安全钳等机械系统正常。故障可能出在电气控制环节，反之，如果不能点动运行，在排除上述①、②的情况下，故障可能就在机械或主拖动系统中；然后到机房利用控制柜提供的检修操作对电梯点动运行，若控制柜电器正常动作，电动机发出嗡嗡声或曳引轮转动，钢丝绳在轮槽内打滑而轿厢不动就基本确定为机械故障。

一、学会机械系统故障的检查测量方法

当电梯发生故障时（事故除外），维修人员不要急于去查看电梯，首先要向电梯操作人员了解电梯发生故障时的现象；电梯在无司机状态下运行，可得到电梯管理人员的配合，分出轻重缓急对电梯进行实地检查；维修人员则根据电梯的不同类型，结构及运行原理，对故障梯的相关部位，通过眼看、耳听、鼻闻、手摸等检测方法，分析判断故障发生的准确位置，当然，检测中还应准备好常用的工具及专用工具探针（探针是检查轴承、电机、减速机等专用工具，俗称听针），有条件的还可以准备测量温度的点温计、转速表、磁力表座等仪表仪器。为了说明该方法的正确使用下面举出两例检测步骤。

故障现象1：该梯为一部货梯，司机反映电梯已停用了一个多月，重新启用几分钟电梯突然停止运行，机房电机温升过高。

故障分析及处理：进机房鼻闻机油味较大，眼看控制柜热继电器动作；减速机、电

动机油位符合要求,电梯以检修速度运行未发现异常,然后快速运行 2~3 min 将电梯停止,手摸减速机轴承部位与厢体的温感进行比较,温升不高,手摸电动机轴承部位与定子外壳进行比较,温差明显,轴承部位温度有些烫手;电梯运行时用探针耳听电机轴承处虽无异响,轴承处摩擦声较大且沉闷,打开电机轴承处加油盖用探针沾点机油,点在食指上用指粘油后在阳光下观察,油发黑并伴有微小黄闪光点(铜金属粉末)。

电机轴承与定子外壳温差大(轴承为滑动轴承,轴承可能因油路被油垢阻塞使润滑油受阻,电机轴承在旋转中摩擦热量无法散掉造成轴承升温),由于轴承运行阻力的增加,而增大了电机负荷,使电梯的电机产生过电流,继而导致热继电器动作,初步判断电机轴承处为故障点。

最后确认:将电机轴承油放掉,加入煤油和机油各半的混合油浸泡一会儿,以检修速度使电梯上下运行几次,用以清洁油垢,然后放掉混合油加入清洁的机油,使电梯快速运行,运行约 20 min 轴承处温升不再升高,说明故障基本排除,若有必要将电机拆下并清洁轴承,如果轴承有烧伤及点蚀可进行刮研修理,严重的应将轴承更新。

故障现象 2:司机反映客梯在启动运行中缓慢,目的层减速后突然停止运行,轿厢不平层。

故障分析及处理:进机房后鼻闻有浓机油味,眼看电机油位正常,减速机油位在下标尺,查看限速器安全钳无异常,检查电源总开关正常,控制柜除热继电器动作外其他(包括显示)正常。试运行轿厢不动,电机不能转动但有嗡嗡声,打开电磁抱闸,上下两个方向盘车观察,电机能够微动,减速机蜗杆轴不动。

减速机轴承属飞溅润滑型式,轴承为滑动轴承,润滑是靠蜗轮,蜗杆啮合旋转时由蜗轮将润滑油甩到箱体上,通过轴承支架上的小孔流入蜗杆轴承内。而此台减速机油位已接近危险标尺线,估计可能是蜗杆轴与轴承的高速运行,由于油量的供给不足而造成轴承与蜗杆抱死,热继电器也因电机过电流而动作。最后确认:拆下蜗杆轴发现蜗杆轴一端滑动轴承烧结。

二、学会电气故障的检查测量方法

当电梯发生电气系统故障时,首先对现场情况进行询问,然后用眼看、鼻闻、耳听、手摸的基本方法,对外围线路的检查,例如外电网是否供电,空气开关、铁壳极限开关是否掉闸,熔断丝、快速保险等是否熔断,微机 PC 机、变频器、调压调速器的电源显示是否有电,功能显示是否正常,控制柜电器件有无发热烧损,这些比较直观的故障排除后再对电梯进行有针对性的检查和测量;常用的检测方法有以下几种。

(1)程序检测法:有经验的电梯维修工,在个人安全防护穿戴齐全且有人监护的条件下,对电梯控制柜可在通电的状况下按照电梯启动运行程序,直接触动电器控制元件,这种方法可缩小故障的范围,直接判断出某条电气线路发生断路还是开关触点接触不良(它不仅适用于继电器控制的电路,也适用于无触点控制的系统),然后使用下面介绍的方法直接找到故障点。

（2）电阻测量法：断开线路电源，并将被测两端接线拆掉的情况下进行测量的一种方法。①把万用表的表笔接线路两端，然后用带绝缘皮的导线将所测开关、触点（或线圈）两端短路一下，如果万用表电阻值为零或变小，说明故障就在此处。②用万用表的表笔直接测量某一开关、触点（或线圈），电阻值为零（或一定值）则说明开关、触点（线圈正常）通路，当电阻值无限大则说明此处就是故障点。③测量较长的导线是否断路时，可将导线的一端接地，用万用表测量该导线另一端对地电阻，若不通说明该导线有断路处。

（3）电压测量法：这种测量方法需在线路中有电的情况下使用万用表电压挡进行测量，测量直流电压用直流挡，测量交流电压用交流挡，特别注意的是，万用表电压数字指示范围应大于所测对象线路电压。测量开关触点接触是否良好，可把万用表的表笔接触被测点的两端，万用表若无数字指示，说明该触点是接通状态，若有指示，则说明该触点没有接通，此处就是要寻找的故障点。当测量电子线路时电流通过电阻元件会产生电压降（电位差），若无电压降，说明没有电流通过此元件，则此处就是故障点。

（4）短路测量法：使用一根绝缘导线，两端去掉绝缘层露出导线，用导线将串接在电路中的开关触点搭接，然后接通电路，观察控制线路继电器动作情况，可直接判断出故障点。这种测量方法是在没有万用表的情况下采用的带电操作的一种方法，应特别注意安全。因此，大电流通过的主电路不宜采用此方法，防止测试时产生大电流发生事故，对于微机控制的电梯通常也不采用此方法，以免损坏机件或设备。

（5）试灯测量法：将灯口接好线，装上 220 V 白炽灯泡，灯泡的功率（瓦数）选择小一些的为宜，在有电的部位将试灯点亮，为测量 220 V 电压以下电路各点带电情况做好准备，这种测量方法比较直观。测量时先将一端接工作零线（中性线），另一端接触被测导电部位，观察灯泡发光情况，判断故障所在。测量 220 V 的电路时灯泡全亮，测量 110 V 电路时灯泡的亮度将差一半，电路中若有线圈，在接通的瞬间灯泡的亮度将有变化，总之灯泡不亮该部位就是故障点。测量中还应注意按照一定的顺序，一个部位一个部位的排除，以免造成错误判断。

（6）讯响测量法：万用表有一功能挡，专门用来测量线路中（包括电子线路）的通断，开关触点是否接通，通路时讯响器（蜂鸣器）会发出声响。现场没有万用表时，可用电池将低电压（3 V）讯响器串接起来代替。测量二极管线路时要注意其正负极性，以免造成错误判断。这种方法因其容量小、电压低，对带线圈的线路不宜使用。

（7）验电笔测量法：用市场售低压验电笔测量电路各点有无电压，是在电路中供电的条件下判断故障最常用的方法之一，虽然它不如万用表电压挡直接测出线路中电压的数值，但它能直观、快捷的判断出故障所在，但使用时应特别注意：

①使用验电笔前在已确认的带电体上，对验电笔进行校验，证明电笔完好的才可使用。防止因已损坏的电笔造成错误判断或发生触电事故。

②电梯电气控制线路中，最高对地电压为 220 V，直流控制部分的电压通常用 110 V 以下，因验电笔电阻较大，测量时恐氖管亮度较暗，可以将不持笔的一只手，触摸不

带电的控制柜或其他已经接地的金属部分,以求得氖管增加亮度,来提高验电效果。

③使用验电笔测量带有线圈(如变压器)的380 V电路时,有时会发生 A 相保险丝已烧断但 A 相熔断器下侧仍能使氖管燃亮,这是由于 B 相或 C 相电流经线圈返到这里的缘故,因此在用验电笔对电路进行测量时应考虑这一因素。

故障现象: 司机反映,在客梯行驶中因大楼总电源断电(因使用电焊机超荷掉闸),电梯突然停止,当电源恢复后电梯仍不能启动。

故障分析及处理: 在轿厢前挂上电梯检修的警示牌或设人监护,进入机房后,用验电笔确认铁壳极限开关、空气开关有电,各保险未烧损。察看控制柜门锁线路正常,急停断电器(JJT)未吸合。使用电压测量法,万用表的电压直流挡测量1 号与5 号线端子间电压正常(见图5-1)。使用程序检测法,用手触动急停继电器使其强行闭合电梯可以启动;将检修开关打开以防电梯突然启动,急停开关保持强行吸合状态,仍然使用万用表电压直流挡测量2 号与5 号端子,2 号与203 号端子,万用表无显示,进入井道中线盒处测量203 与202 号端子,202 号与201 号端子,万用表仍无显示。打开轿底接线盒测量1 号与201 号端子,万用表显示有电压。

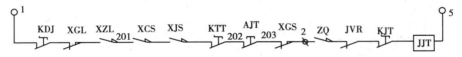

图5-1　电梯急停线路原理图

KDJ—底坑急停开关;XGL—底坑选层器钢带轮断带开关;XZL—限速器涨轮开关;

XCS—安全钳动作开关;XJS—安全窗开关;KTT—轿顶急停开关;AJT—操纵盘急停开关(轿厢内);

XGS—(机房)限速器动作开关;ZQ—原动机启动加速接触器触点(常开);

JVR—超速保护继电器常闭触点;JJT—急停继电器

1 号与201 号端子间有电压,说明在这段电路的3 个开关中有断路的可能,底坑急停开关未曾动过应该是正常的,断路可能性最大的是限速器涨绳轮开关 XZL(断绳开关)和选层器底坑钢带轮处断带开关 XGL。电梯在运行中由于断电轿厢突然停止,限速器涨绳轮和钢带轮在轿厢停止瞬间都会发生抖动,故障就在这两个部位中。进入底坑后释放控制柜急停继电器(需两人配合),用短路测量法比较直观,将这两个开关分别短封,察看急停断电器是否吸合,短封断带开关时该急停断电器吸合,或将总电源拉掉用讯响测量法较安全,分别测量这两个开关是否通路,结果断带开关不通,这两种测量方法相吻合。

最后确认: 图中 XGL 使用的是自动回位行程开关,此开关在线路中使用的是两个常闭点,电梯突然停止运行引起钢带轮发生抖动,将其开关压缩,开关的两个常闭点断路,当钢带轮及其碰板恢复原位,由于该开关长期在底坑,传动杆锈蚀,被碰板压缩后不能自动弹回,使两常闭点不能闭合而造成断路。

任务三　奥的斯电梯的故障与分析

故障现象 1：奥的斯 T-3100 电梯停止不能运行，外呼不起作用，楼层显示正常，不开门。

故障分析及处理：用 TT 检查 TCB 故障记录 0100,0105,OVF20 故障记录 CHK DBD SIG，查 SW1,2 继电器，发现 SW1 继电器辅助触点接触不良，更换后正常。

故障现象 2：奥的斯 T-3100 电梯开门停在 1 楼，不响应外呼。

故障分析及处理：用 TT 检查 M111 状态为正常，检查关门按钮信号无输入光幕不考虑，试门机开关门正常，在将电梯检修恢复正常后电梯就始终停在 1 楼并开门，并且在 M111 里始终有一呼梯信号存在，将内呼及外呼切除照旧，怀疑是 LCBII 板上呼梯开关问题，上下拨动无呼梯信号输入，拆除开关后电梯恢复正常，拿万用表检查开关有一副触点长通。

故障现象 3：奥的斯 T-3100 电梯经常出现 EFO。

故障分析及处理：到现场 TT 查看状态正常，后观察，偶尔又有 EFO 出现，查消防输入正常，检查 RS18 正常，查用户消防模块偶尔会动作，拆除后正常。

故障现象 4：奥的斯 T-3100 电梯，运行中有时会出现丢层，即自动到底层找位置现象。

故障分析及处理：LCB11 故障记录为 0100,0201,0211,OVF20 无故障记录。故障原因，LCB11 板芯片有问题，更换后正常。

故障现象 5：奥的斯 T-3100 电梯，电梯有时会停在某层不开门。

故障分析及处理：LCB11 故障主要为 0205，为电机热保护。由于机房温度也不是很高，查看抱闸等都正常。后调整 OVF20 参数后正常。

故障现象 6：奥的斯 T-3100 电梯，电梯有时会停在某层门开着不动梯，而显示为 1F。

故障分析及处理：并接 1LS 随行电缆后正常。

故障现象 7：奥的斯 T-3100 电梯，用户反应电梯有时会有丢层。

故障分析及处理：LCB11 故障记录为：0100,0201,0231

　　　　　　　　　OVF210 故障记录为：SHUT DOWN,1LS INI DEC,LV MISSED

　　　　　　　　　并接 1LV,2LV　后正常。

故障现象 8：奥的斯 T-3100 电梯偶尔出现停梯，内外呼及显示都正常。电梯处于待梯状态就是不动梯。没故障记录。

故障分析及处理：UIB,DIB 无输入，C1 继电器 13/14 触点不好。

故障现象 9：奥的斯 T-3100 电梯跑一层或到顶层正常，其他的就不行。电梯到站后不开门就去找位置。故障记录为 LCB2:0100,0201,0211

故障分析及处理：UIS 有问题。

故障现象 10：奥的斯 T-3100 电梯不运行。

故障分析及处理：到后观察 F6C 保险跳了，向上检查相序输出错误继电器灯不亮。更换相序继电器后，电梯正常。

故障现象 11：奥的斯 CHVF 电梯上行到 2 层急停，抱闸不松，一会电梯又可返回基站，如此反复。

故障分析及处理：经查抱闸电压不足，问题出在供电电源上。

故障现象 12：奥的斯 CHVF 开门大约 20 cm 就不能动，需用很大的力将门完全推开，在推门的过程中发现轿门有一边倾斜。

故障分析及处理：检查轿门滚轮发现一只滚轮上的橡胶皮已破损，更换后正常。同样厅门也会发生相同的故障，假如碰到一副门上 2 只滚轮的橡胶皮都破损，临时应急可以将滚轮上的橡胶皮刮干净后重新调整门也可以运行。

故障现象 13：奥的斯 CHVF 电梯，经常按内召 4 楼电梯停 3 楼保养时已将磁条对过，但是故障依旧，后上机房观察控制柜发现电梯从底层向上开，正常的情况下，每经过一层：IPD，DZ，IPU 依序闪亮，但此梯在经过 2 楼时 IPU 一亮完马上又亮了一下。

故障分析及处理：怀疑随行电缆或上减速感应开关有问题，先用备用电缆将其更换后电梯恢复正常，测量其原电缆发现在经过 2 楼时该电缆仍然有 24 V，可见在随行电缆中可能有电缆破裂并在运行中碰在一起！

故障现象 14：奥的斯 E411 电梯，TT 显示；DB：抱闸故障、MC：抱闸开关故障。

故障分析及处理：清洁并调整抱闸，更换抱闸开关，数周后故障又出现。更换 H1，H2,5M 后还是未解决。在以后的半年中将此台电梯电能柜中所有与抱闸有关的部分及接线全部与其他电梯对调或调整。但还是未解决。最后在一次清洁保养中发现曳引机内有一螺栓略微有点松，将其拧了四分之一圈后故障消失。这是连接两抱闸臂的螺栓，需爬上去从上往下看，内有两个螺母一边一个，略有松动造成螺栓窜动。

故障现象 15：奥的斯 GEN2 电梯外呼不亮，按钮不起作用，电梯进入消防状态。

故障分析及处理：因为消防信号电源取自外呼的 30 V，所以根据现象直接检查 30 V 电源，发现 10 A 保险烧毁，更换后正常。

故障现象 16：奥的斯 T-3F 客梯，电梯有时关人。

故障分析及处理：检查检修运行启动时有时候不能正常启动，电机不转，查线路，U,D 继电器触点接触不良，修复后在检修运行有时候还是不能正常启动，抱闸不能打开，查 G 接触器触点接触不良，修复用万用表检验正常，打开检修仍不好，直接将 G 接触器触点跨接后正常。更换 G 接触器故障排除。

故障现象 17：奥的斯 T-40 电梯，开检修电梯不动，检查故障灯正常，查厅门后线号 2XQ36 有 110 V，后面没电。

故障分析及处理：检查是 SDP 继电器未吸，检查 SDP 继电器线包没电，查 BPR∖AZX 继电器触点，发现 AZX 继电器 1~9 常闭触点不通，更换后电梯恢复正常。

故障现象 18：奥的斯 T-40 下行快到平层时有坠落感。

故障分析及处理：经查报闸臂中间的销子出来了，更换顶丝后故障消除。此故障极其危险,对 17CT 主机保养时一定要注意抱闸销。

故障现象 19:奥的斯 T-40 出现向上运行时启动—运行—换速保护这样分几次才能到达 3 楼且运行到 2 楼不开门,到达 3 楼时不开门返 1 楼。

故障分析及处理:经过检查发现是 AZX 小继电器有一触点的连线虚焊。

故障现象 20:奥的斯 T-40 关门很慢,几乎无力。

故障分析及处理:检查门机电源电压正常,检查门机盒内凸轮时发现电枢上几乎是黑黑的碳粉,用软纸清洁后门机恢复正常。

故障现象 21:奥的斯 T-40 电梯 AB 并联,A 梯打检修例行保养,发现 B 梯无外呼,关掉 A 梯电源后正常。

故障分析及处理:经查 A 梯 8 号保险烧断,8 号保险是 +42 V 电源保险,如果是在保养中发生烧毁,就应该检查是否在保养时将某些按钮或安全触板的电源线搭地了。

故障现象 22:奥的斯 T-40 电梯检修运行正常,快车寻址后起车后摔梯。

故障分析及处理:L2 接点虚连更换后正常。

故障现象 23:奥的斯 T-60 电梯在平层位置反复开关门,需要关门几次后才能运行,大部分时间正常。

故障分析及处理:检查 MIB 板和变频器无故障记录。在机房观察等待故障出现。发现在故障出现时 U,D 继电器吸合后马上断开,用万用表检查 U,D 继电器 A1 端电压,发现在故障时无电压,结合故障无故障登记,怀疑故障应在安全检测点后,逐个检查轿门、厅门接点正常,暂时未检查出故障点,又观察运行,发现在 LB 继电器吸下后 U,D 继电器就会断开,查图纸,LB 继电器对 U,D 继电器基本没影响。后用手顶住 LB 继电器使之由人为控制,发现故障不再出现。怀疑是 LB 继电器触点故障,将控制柜内主要的继电器触点检查了一下,发现 SDP 继电器 13 ~ 14 触点接触电阻有 50 ~ 200 Ω,将触点清洁后故障频率明显降低,将其更换后故障排除。

故障现象 24:奥的斯 T-60 用户投诉运行时停时行,关人。

故障分析及处理:到达现场后发现并没有关人,电梯运行时停时行。查 MIB 故障登记 OUS,SDP 亮,检查速度传感器,发现反光盘上有很多黄油,清洁后正常。

故障现象 25:奥的斯 T-60 电梯,无人使用时,电梯的门不停地开关,有人使用时不出现。

故障分析及处理:经查,属安全触板没调整好,在门关到位时碰触到触板开关所致,重新调整后故障消除;另外如果是双触板的还要注意门机内凸轮的位置是否正常。

故障现象 26:奥的斯 T2000VF 电梯关人,到达后放人。

故障分析及处理:到机房开检修电梯不动。TT 检查 MC 故障记录 2703,DB 故障记录 D CURRENT FDBK,检查 UDX 继电器触点接触正常,检查控制柜电机输出桩头发现 W 相桩头已烧焦,更换该桩头后正常。

故障现象 27:奥的斯 T2000VF 电梯运行有抖动,很恐怖。

故障分析及处理:用 TT 检查 MC 故障记录 2703,DB 故障记录 INVERTER OCT,检查 UDX 继电器触点正常,控制柜电机接线桩头正常,电机线圈电阻正常,暂时无法查出故障,后考虑如果抱闸在正常情况下不能放开,PVT 不正常也会引起故障,检查抱闸正常,PVT 检查发现插头焊线有一松动,焊好后修复故障。

故障现象 28:奥的斯 T2000VF 电梯上行时停时行,下行正常。

故障分析及处理:检查 DBR 电阻发现有一电阻烧断,更换后正常。

故障现象 29:奥的斯 T2000:每层到站钟都同时在乱响,外呼起作用。

故障分析及处理:消防开关接在 GROUP-LINK 上,其相应 RS11 损坏,更换后正常。

故障现象 30:T2000VF 电梯,每次复位后开一两次便死机了,按检修下行,电梯不降反而上升,变频器显示有故障记录。

故障分析及处理:经检查发现是抱闸接触器的一小塑料卡断在里面,拆下清除后装上,故障消除。

故障现象 31:T2000VF 两台并联梯,在中午 11 点到 2 点,下行正常,上行短程正常,长程的换速时急停,两台一样的故障,别的时间段一切正常。

故障分析及处理:在排除了电梯本身无故障后,发现在这个时间段 3 相电压达到 420 V,将变频器额定电压改为 400 V 后,电梯正常。

任务四　三菱 GPS 故障排除实例

故障现象 1:某医院两台三菱 GPS-I 群控电梯,当有外召唤时,群控中的一台电梯响应该召唤后,该外召唤并不消号,只有等另外一台电梯也响应该外召唤后,才消号。也就是说,对于任何一个外召唤,两台群控电梯要各响应一次。

故障分析及处理:

(1)对电梯软件中的楼层设定、单梯/群控设定进行检查,未发现问题;

(2)检查外召唤接线,接线正确。

(3)断开群控控制柜电源,再断开其中一台电梯的主电源,则另一台电梯运行正常。

(4)只断开群控控制屏电源,则对于任何一个外召,两台电梯都要进行一次响应。

(5)通过上述检测可以断定,两台电梯独立运行是正常的,问题应该出在群控部分或群控与各单梯的通信上。

(6)对群控电脑板进行检测(或更换),未发现问题。

(7)对光纤电缆检查时发现,两根光纤长出的部分被分别捆绑在控制柜的框架上,弯曲部分弧度过小。更换两根光纤通信电缆,电梯恢复正常。

本故障中两台电梯公用一套外召唤信号,即外召唤信号是一套按钮两套显示的形式。外召唤信号是分别进入两台电梯的 P1 主电脑板后,再通过光纤电缆与群控制电脑板进行通信的。当通信出现故障时,两台电梯实际上处于单独运行状态。又因为两台电梯公用一套外召唤按钮,因此乘客感觉对每一个外召唤信号,两台电梯都要分别进行一次响应。因而对光纤电缆要正确使用。

故障现象2：某大厦三菱GPS-I电梯，所有外召唤按钮无效，并且所有厅门无楼层显示。

故障分析及处理：

（1）首先检查电梯当前的运行状态，因为如果电梯处于专用状态，则所有外召唤及厅门楼层显示都无效。经检查发现电梯当前处于自动运行状态。

（2）查阅电梯P1电脑板的故障代码，故障代码显示"EC"，即"到厅门串行传输错误"。

（3）对P1板进行检测（或更换），未发现问题。

（4）逐层对外召唤按钮进行检测，发现所有的外召唤按钮都没有直流电源输出。进一步检查发现，5楼的外召唤按钮电源故障。更换5楼外召唤后，故障仍然没有排除。

（5）检查机房控制柜外召唤的保险丝，发现该保险丝已经烧断，更换后，电梯恢复正常运行。

虽然GPS-I电梯采用数据总线形式的串行通信方式，原则上如果一个楼层的按钮出现串行通信故障，不会影响到其他楼层按钮的正常响应。但是，如果是一个楼层的外召唤按钮的电源故障，尤其是整流稳压电源的交流侧发生短路故障，则会导致所有外召唤按钮无法正常工作。

故障现象3：某大厦三菱GPS-Ⅰ电梯，检修运行及自动运行时电梯都无法启动，并且#89安全指示灯熄灭。

故障分析及处理：

（1）检查电梯故障代码，故障代码为"E5"，即"过电流"。

（2）断开电梯主回路电源，断开逆变器到交流电机的连线，检测逆变主回路的大功率驱动模块（IGBT），未发现问题；恢复逆变器到交流电机的连线。

（3）对驱动电子板进行检测（或更换），未发现问题。

（4）对检测电流的交流互感器进行检查，发现其中一个互感器接线插头有短路现象，重新处理后，电梯恢复正常运行。

故障代码为电梯故障处理带来很大方便，尤其是指示非常明确的代码，如本故障中的"过电流"指示。

故障现象4：某大厦三菱GPS-Ⅰ电梯故障，停在最高楼层，经检查发现逆变部分的一块大功率驱动模块坏了，但更换后，检修向下运行时，电梯轿厢会向上运行一小段后停梯，故障代码为"E3"，即反转。

故障分析及处理：

（1）故障代码显示为"反转"，与观察到的故障现象相一致。

（2）任意交换两相电机定子接线顺序，检修向下运行，轿厢仍然是向上运行一小段距离后停梯，这说明电梯轿厢的运行没有受控制。

（3）恢复交流电机定子接线，检查（或更换）驱动板，未发现问题。

（4）重新检查逆变主回路接线。经检查发现，更换大功率驱动模块时，忘记连接逆变电源的正极了,从而导致逆变部分没有电源。重新接好线后,电梯恢复正常运行。

本故障中,由于逆变部分没有电源,致使电梯运行失控。当控制部分发出检修下行指令后,抱闸打开,但此时没有电流流过电机,又由于对重重于空载轿厢,致使轿厢向上滑行,而控制部分检测到的现象则是"反转",实际上电机并没有通电运行。因此,故障代码虽然在故障排除中可以提供很大方便,但不能过分拘泥于故障代码的提示。

故障现象5:某大厦两台群控 GPS-Ⅰ电梯,1#电梯比 2#电梯多一层地下室。在安装调试过程中发现,按下其中一台电梯的外召唤按钮时,另外一台电梯的相应外召唤没有点亮。

故障分析及处理:

(1)从故障现象看,似乎是群控部分工作不正常。因此,首先对群控柜及光纤电缆进行检查,但未发现问题。

(2)再次观察电梯的运行情况,发现当用 1#电梯的外召唤对 2#电梯进行就近召唤时,2#电梯会在低于召唤层一个层站的楼层停梯,并且对 1#电梯的外召唤消号,这说明群控部分工作基本正常,只是 2#电梯外召唤地址设定错误。将 2#电梯的外召唤按钮地址按照 1#电梯设定后,电梯恢复正常运行。

当群控电梯中各电梯响应的楼层不完全相同时,外召唤按钮的地址设定应特别注意,以免导致电梯的错误响应。本故障中,2#电梯的外召唤按钮地址应按照 1#电梯设定。

故障现象6:某大厦三菱 GPS-Ⅱ电梯,电梯运行时,5#接触器吸合后,LB 继电器(抱闸继电器)不吸合,抱闸不打开,电梯无法启动。

故障分析及处理:

(1)查看主电脑板显示的故障代码为"E8"及"EF",即"#LB 故障"及"电梯不能再启动"。

(2)检查 LB 继电器,未发现问题。

(3)用万用表检查主电脑板输出的对 LB 的控制端口,发现 5#吸合后,主电脑板并未输出 LB 吸合指令。

(4)检查 5#的触点,未发现问题。

(5)上述检查基本说明外围电路没有问题,怀疑 P1 主电脑板有故障,更换 P1 主电脑板后,电梯即恢复正常。

(6)通过对 P1 主电脑板的检测后发现。由于专用芯片 X45KK-09 故障从而导致 P1 主电脑板无法输出对 LB 的控制信号。由于专用 IC 芯片 X45KK-09 的管脚非常密集,因此更换难度非常大。

工业产品的复杂工作环境对产品本身所选用的电子器件提出了很高的要求,而通风、散热、工艺及材料上的疏忽常会造成器件的损坏。

故障现象7:某大厦三菱 GPS-Ⅱ电梯因故障无法运行,经检查发现 P1 主电脑板上 D-WDT 指示灯不亮。

故障分析及处理：

（1）D-WDT 指示灯不亮说明调速软件或调速 CPU 工作不正常，一般与外围线路无关。

（2）因为 P1 主电脑板其他指示灯正常，说明 +5 V 电源没有问题。

（3）更换 P1 主电脑板上的调速软件（或对故障电梯的调速软件进行检测），该软件正常。

（4）更换 P1 主电板，D-WDT 指示灯点亮，电梯恢复正常运行。

（5）对 P1 主电脑板进行进一步检测，发现 X45KK-09 故障，从而导致调速软件无法正常工作。

本故障再次说明高集成度的专用工业 IC 芯片虽然可以提高整体设备的科技含量和集成度，但其对工作环境、通风、散热、工艺及材料都有很高的要求。

故障现象 8：某大厦三菱 GPS-Ⅱ电梯每次运行到一楼停梯后，自动熄灭轿厢内照明，并且无法对电梯进行召唤，控制柜 P1 电脑板故障代码显示为"EF"（即"不能启动"），对主电脑板进行复位处理后，电梯又恢复正常运行，但运行到一楼后，又出现上述故障。

故障分析及处理：

（1）"EF"是一种非常笼统的故障指示，引起上述故障现象的可能性很多，主要有 P1 电梯脑板故障、下端站强迫换速距离错误，称重反馈数据错误等。本故障应采取由易到难的办法逐项排除，首先不考虑 P1 主电脑板故障的可能性。

（2）检修运行电梯，在机房检测下强迫换速开关是否正常，结果未发现问题。

（3）进入井道及底坑对各下强迫换速开关进行检测，未发现问题。

（4）检测强迫换速开关碰铁的垂直度，未发现问题。

（5）检测各下强迫换速开关与碰铁的水平距离，该距离属正常范围。

（6）进入机房，确认轿厢内无人，并且轿厢门、厅门已经全部关闭后，断开门机开关以防乘客进入轿厢，将 P1 主电脑板上 WGHO 拨码开关置"0"位，以取消称重装置（此时 P1 主电脑板上的数码显示的小数点会左右跳动），在机房对电梯进行召唤，结果电梯恢复正常运行，这说明原来的电梯故障是由称重装置引起的。

（7）进入轿顶对称重装置进行检查，发现称重装置歪斜，调正后电梯恢复正常运行。

注：电梯恢复正常后，应将 P1 板上的 WGHO 拨码开关置回原来位置。

需要注意的是：称重装置反馈回主电脑板的数据如果发生错误或与 EEPROM 中存储的称重数据有冲突，电梯会停止运行，因此，当电梯更换钢丝绳或轿厢进行重新装修后，应该对称重装置进行调整并且重新进行称量数据写入。

（8）本故障所述的故障虽然不是由于下强迫换速的原因引起的，但如果因为某种原因导致下强迫换速减速距离变化的话，也可能导致与本故障完全相同的故障现象。

故障现象 9：某大厦 GPS-Ⅱ电梯，有 20 层 17 站，其中 3，4，5 层为假想层（不停留层），电梯安装好后，无法进行层高写入。

故障分析及处理：

(1)检修运行电梯,在机房检测上、下强迫换速开关动作情况,未发现问题。

(2)将电梯运行到最底层,进入层高写入状态,检修向上运行,同时观察 P1 主电脑板上 DZ 发光管闪烁次数,当电梯运行到最高层时,DZ 共点亮 17 次,说明停留层隔磁板安装正常。

(3)进入轿厢顶部,将电梯运行到假想层,对 3,4,5 楼的短隔磁板安装位置进行检查,发现 4 楼短隔磁板插入磁感应器的深度不够(即隔磁板与磁感应器顶部间距离过大)。对此进行调整后,再次进行层高写入,写入成功。

层高写入主要与下列因素有关:实际层站数与设定层站数是否一致、上下端站开关是否正常、平层感应器有无损坏、各层隔磁板安装位置是否正确。

上述各因素有一个出现问题,都将导致层高无法写入。

故障现象 10:某大厦三菱 GPS-Ⅱ电梯,20 层 9 站,其中 2,3,4,5,7,9 及以上单层为假想层(不停留层)。当电梯运行到两端站时,轿厢会过平层,并且乘客有突然抱闸的感觉。而电梯在其他楼层停靠时,则不会有这种现象。

故障分析及处理：

(1)因为电梯在中间楼层停靠正常,只是在两个端站才有过平层现象,说明问题出在两个端站上。

(2)对上下两个端站的隔磁板安装位置进行检查,未发现问题;电梯过平层后突然抱闸,可能是由于轿厢过平层后撞到端站限位开关所致,而乘客有明显的突然抱闸的感觉,说明电梯到达端站平层时速度未降到零,这可能是由于减速距离不够所致。将上端站的二级强迫换速开关向上移动 30 cm,将下端站的二级强迫换速开关向下移动 30 cm,再次运行电梯,电梯恢复正常。

电梯上下端站强迫换速开关的安装距离、安装尺寸非常重要,很多电梯的运行故障都与此有关。这些距离尺寸包括第一减速距离、第二减速距离以及轿厢碰铁到各减速开关的水平距离等。

故障现象 11:三菱 GPS-Ⅲ15 层 15 站电梯在安装调试过程中,发现楼层高度无法写入。

故障分析及处理：

(1)检修运行电梯,用万用表在电梯机房检测井道内上下端站开关动作情况,检测结果开关动作正常。

(2)进入轿顶,对轿顶磁感器及各个楼层的隔磁板安装位置进行检查,未发现问题。

(3)从最底层检修向上运行电梯,用万用表在电梯机房检测轿顶磁感应器动作情况,并对其动作次数进行计数,结果磁感应器动作次数与实际楼层数相符。

(4)读取 P1 主电脑板上软件数据,发现软件中设定的楼层数为 16 层 16 站,与实际楼层数不符,修改该数据后,楼层数据写入成功。

虽然楼层高度数据的写入非常简单,但与很多环节有关,其中任何一个环节出现问题,都有可能导致楼层高度数据写入失败。上述故障排除中的每一步检测都是必要的。另外,GPS-Ⅱ电梯软件数据需要用专用仪器才能进行读出和修改。

故障现象12:某大厦三菱 GPS-Ⅲ 电梯在安装调试时发现,电梯检修运行正常,但自动运行时,每次运行到一楼后,电梯就自动锁梯,同时轿厢内照明也会熄灭,P1 主电脑板故障代码显示为"EF",即"不能再启动"。

故障分析及处理:

(1)对井道上下强迫换速开关进行检查,并且在电梯机房内用万用表对换速开关动作情况进行检测,未发现问题。

(2)取消称重反馈装置,再次运行电梯,故障依然。

(3)打开一楼厅门按钮召唤盒,检查电梯锁的状态,发现连接到电梯锁的导线连接错误,重新连接后,电梯恢复正常运行。

由于很多故障原因(如强迫换速故障、称重反馈故障)都有可能引起上述故障现象,因此基站外召唤按钮盒中电梯锁的状态及其接线情况往往会被忽视,在电梯安装调试和维修保养过程中应该对此特别注意。

任务五　电梯典型故障分析

故障现象1:某 PLC 控制双速电梯,总烧 PLC 供电回路的 2 A 保险(控制柜上的,非 PCL 内部的保险),不定时间,没有规律。在检查并通过更换证明 PLC 机没有问题的前提下,维修人员将 2 A 保险换成 3 A。该保险不断了,开始烧电源变压器(提供110 V,24 V)初级回路 4 A 保险,并且有时在电梯运行中将底层的总闸 60 A 空开顶掉。此情况持续了 1 个多月,找不到原因。

故障分析及处理:故障点是 24 V 直流电源整流桥后的滤波电容虚接了。该电容在电源变压器上接线端子板的下面,比较隐蔽。电容相当于一个大的负载,当电容虚接时,等同于瞬间短路,在回路中产生较大的电流。该用户电梯供电线路又是铝质导线,阻抗大,电流大时线路的压降大,使电梯的电源输入电压瞬间降低。为了一定的功率维持,各用电回路的电流必然加大,故烧 24 V 回路保险是理所当然的了。而开始时PLC 机回路因保险阻值小先行烧断。至于顶掉总闸,也是由于电梯运行中电流较大,瞬间断路时回路中的保险偶尔没来得及烧,空开可能先掉了,这也与该空开较陈旧、跳闸电流值已不准确有关。

故障现象2:某品牌调频电梯,一直运行正常。2008 年入冬后常常"死机"(电梯电脑保护),需拉闸停电再送电才能继续运行。该故障尤其在早晨刚上班时出现得较频繁,往往一起车就保护。而经过多次拉闸、送电后才能逐渐恢复正常,而下午一般很少出故障。电脑保护故障码提示,检测出速度曲线与速度反馈之差超过了规定值。

故障分析及处理:解决方法是将减速箱齿轮油放了,更换新的油后连续几天再也没有发生上述故障。根据现象直观地判断应该与气温有关,因为该电梯所在机房与室外差不多。开始时怀疑是某个元器件不可靠了,尤其旋转编码器,别的现场曾发生过气温低时不能用的情况,但更换电子板、码盘外安放电暖气等措施都没有效果。事实上,更换下来的旧油与新油黏度看上去差不多,而就是这一点差别导致了上述故障。以前有台长期搁置的电梯冬天首次使用时,发生过抱闸打开后电动机嗡嗡响却一点都不转的现象,也是由于齿轮油的缘故。按电梯保养要求,齿轮油应每年更换一次,并且有冬用油与夏用油之分。

故障现象3:某品牌电脑控制客梯,各层呼梯信号是通过串行通讯给机房控制板的。该梯已运行三四年了,用户反应常常呼不到电梯。是不是电梯里人多满员?维修人员自己去试,发现即使轿厢里没有人也有呼不到梯的情况。查轿底的满载开关没有问题,操纵盘也没有司机直驶功能。最后把有关电子板、呼梯板换了个遍,问题仍没有解决。

故障分析及处理:故障点是轿内一个坏的环形日光灯,把灯管摘了即好。轿顶天花板里共有 6 个灯管,多数已坏,而该灯管端头已黑,还有点一闪一闪的微光。呼梯后应答灯也能亮,而且电梯没有呼到,但过去回头还能响应,说明呼梯板、电子板都没有问题,板子换来换去只是"有病乱投医"。从功能上考虑满载信号是否有问题的思路是对的。满载开关是常开点,高电平(DC48V)有效。将控制柜上的满载信号线去掉,故障即消除。把接线恢复进一步用示波器观察,发现其上有脉冲波,峰值达到 40 V。因而形成有效的满载直驶信号,此脉冲波频率与日光灯打火同步,是经随行电缆耦合到满载信号线上的。经试验,在该信号线上接一个 50 μF 的电容(对地),也可消除干扰。

故障现象4:某品牌调频客梯(1 350 kg,1.75 m/s),投入使用不到 1 年,出现提前换速情况。该梯的换速原理是这样:电梯到达停站层之前,电脑根据码盘计数确定的位置发出减速曲线,电梯减速运行至距平层 200 mm 处(井道平层刀确定),再走平层曲线,从而准确平层。减速曲线与平层曲线衔接不好,就会影响停梯前的舒适感。该梯有时换速提前太多,减速接近零速后以很慢的速度爬行到门区,速度又微微增加一下再停梯。电梯里的乘客一是感觉慢,似乎站了半天不开门,开门前还要颠一下。此梯几个月前因轿厢装修大理石,增加配重后才重新调试过,因此用户很不满意。

故障分析及处理:原因是钢丝绳出油太多了,用煤油将油污擦干净后,问题基本得到解决,钢丝绳质量不是太好,如换新的就更可靠了。轿厢装修大理石和增加配重加重了钢丝绳的受力,使质量不是很好的钢丝绳出油更多,造成曳引轮与钢丝绳之间摩擦系数减小而打滑。这种打滑有两种情况,一种是顺向的,如电梯满载下行启动后,钢丝绳前行比曳引轮更快,这将是很不安全的,有可能停梯开门时电梯因惯性继续下滑。本梯是另一种情况,多发生在轻载下行,满载上行时,曳引轮前行了而钢丝绳没有动,这种打滑不是连续的,不定时滑一小段,当运行层站较远时就会累计一定距离,由于曳引轮的转动使码盘计数距离比实际轿厢运行的长,换速指令就提前了。

还有一种与钢丝绳有关的情况。当电梯运行久了钢丝绳被拉长,其直径变细,这样嵌在曳引轮槽里更深了。于是曳引轮转一圈电梯运行的距离比刚安装好时要短,当楼层较高,运行层站较远时同样会累计一定距离,出现上述情况。只是相比较要轻微些,但仍会影响舒适感,这时电梯需要重新调试,再进行一次层距学习。

故障现象5:某品牌调频客梯交付使用后不到半年,常常电脑保护"死机",按照故障码提示,检查有关地方也没有发现问题。而且莫名其妙的是这些故障码提示的内容相互之间没有关联,根据以往的经验有些故障码很少出现过。由于现场就一台此品牌的电梯,也无法更换电子板试验。

故障分析及处理:故障点是前后两块电子板中间的连接螺杆,把它去掉即可。两块板之前靠四边若干个约25 mm长的绝缘材料尼龙螺杆连接和固定,而电路信号靠两板中间的接插件(48P)传递。在接插旁边还有一个铜制的连接螺杆,是用于连接地线抗干扰的。问题是在生产装配控制柜时因为疏忽,用了一个长30 mm的螺杆,使接插件无法插到底,但各条信号线路还能勉强连通,安装调试都很顺利。此梯现场在一个海滨城市,时间久了由于受潮、氧化等原因,接插件的连接点就接触不良了。而这两块板一块是电脑板,一块是接口板,当线路不通时引起五花八门的故障就是理所当然了。

故障现象6:某改造电梯,原梯是交流调压调速的,更换了控制柜、操纵盘、呼梯和门机。改造后的电梯在运行舒适感、开关门可靠性方面大大改善。但不久,电梯上行选5层,进入门区后带速停车,电梯颠一下还不平层,而在其他层站以及下行至5层都没有问题。由于5层不是顶层,其他层正常,应该不是某个元件坏了,主要从机械部件上下功夫。检查了有关位置的主副导距间距、接头、轿厢、对重的上、下导靴,重点检查了5层厅门的钩子锁、滚轮以及与轿门拨门刀的位置关系。但问题仍没有得到解决,而且故障从开始的时有发生,发展到每次上5层必然发生,给控制柜生产厂家打电话也没得到更有价值的信息。

故障分析及处理:故障点是随行电缆有断的,将到轿厢的直流24 V供电的两根芯线,分别用备用线各并联了一根就解决问题。上述维修思路,机械上的判断都是正确的。但此梯的情况是一特例,有一定的巧合。芯线断开仅在对应的电缆拐弯点分开,过去后又接通了,这也是随行电缆的特点。而且有时候单方向断,换个方向还能通,或者上下行断的时间长短不一样。此电缆断点的位置正好对应于平层光电开关进入门区平层刀后几厘米。光电开关输出晶体管在门区外是断开的,平层刀挡住光路后接通,但很快24 V供电没有了,输出晶体管断,控制系统从逻辑上认为电梯又出门区了,在尚未到零速时保护停梯,惯性作用冲出几厘米后24 V又恢复了,而在门区,开门指令继续有效。至于24 V正负极两条线哪一条有问题没有细查。改造电梯时,最好将老电梯采用的圆随行电缆换成扁电缆,因为前者从抗拉强度、安全性、使用寿命上都不如后者。

知识拓展　正确使用电梯图例

（1）欲上楼按"▲"按钮,欲下楼按"▼"按钮;如果按钮灯已亮就不用再按。

（2）先确认电梯能否使用。火灾、地震、风灾、停电、维修时不能乘坐电梯。杂物电梯严禁乘人。

（3）轿厢到站时,应看运行方向指示灯,以确定是否是自己要去的方向。如是,乘客再看清脚下地坎是否水平,然后进入轿厢。

（4）由显示器或楼层按钮灯的熄灭来确认电梯所到的楼层。

（5）抵达目的层站时，待轿门完全打开再出去；若要长时间开门请按住开门按钮。

（6）不要用身体倚靠门板，更不要在门开启和关闭的过程中触摸门板。

（7）不要将果皮等杂物丢在候梯厅，以免阻碍电梯门的自动关闭。

（8）不要用身体或其他物体阻挡正在关闭的电梯门。

（9）不要将货物集中堆放在轿厢内一角，乘客也应均匀站立，以免超载装置误动作，影响电梯运行。

（10）听到电梯超载蜂鸣声，后进入电梯的乘客应该主动退出，耐心等待下一趟。

（11）不要在轿厢内打闹、蹦跳、扒门缝和敲击按钮，这些行为都可能影响电梯正常运行，甚至将人困住。

（12）晚上独身女子乘梯尽量靠近操纵盘站立，以便必要时可立即按开门按钮逃避或按警铃示警。若有陌生人进入电梯共乘，注意其举止。

学习评价

学习内容	自 评	组长评价	教师评价	备 注	
				85 以上	优
				70 ~ 85	良
				60 ~ 69	中
				60 以下	差
日期：		总评：		教师签字：	

附录1　伤病应急处理须知

附录2　重庆市特种设备安全监察条例

附录3　《特种设备安全监察条例》修正案

附录 1　伤病应急处理须知

在作业现场,出现人身事故或者疾病病人时,应该立即将伤病者送往医院或呼叫救护车到场,在伤病者送达医院或者救护车到达之前,应根据具体情况进行应急治疗。

发生人身事故、急性病变时,要保持镇定,立即打 120 电话召唤急救车和报告上一级管理者。在急救车到来之前,应判断伤病者的状况,并根据状况对伤病者进行下述的应急处置:

①止血。

②使其恢复呼吸。

③使其避免受冲击。

④防止二次伤害。

⑤注意保暖。

各种伤害的检查和处置方法:

1. 受伤出血时

(1)出血的检查方法

检查出血的状态,从什么地方流出。

是否喷射般出血? 是否涌流般出血? 是否渗出般出血? 耳鼻处有无出血?

(2)出血的止血方法

①小伤口一般可用"压迫止血法"。用消毒织布或洁净布片包扎伤口在其上按压。

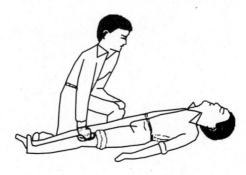

②喷射般出血难以止住时可用"指压止血法"。用手指对着骨骼用力压住从伤口处接近心脏的动脉。

③大出血的止血方法。在出血处放上一团成圆团的布块,并用宽 5 cm 左右的布条压住在肢体上绕上 2 圈,再打上结,在结头处插入一小棒并拧转,在止住血之前将棒固定。手足折断时,应用三角巾、浴巾、毛巾等,紧紧绑住从伤口到靠近心脏的地方。但每隔 15 min 松开一次。

（3）伤口包扎的方法

将干净的纱布垫在伤口处,在纱布上用三角巾、绷带等缠好。

2. 头、胸、腹受击时

（1）头强烈受击时,应先抬高伤者头部,让其静躺,冷却整个头部,不能随意乱动。

（2）出鼻血或耳出血、呕吐、痉挛、语言障碍及意识障碍发生时,将伤者头部水平放置,脸向侧面。

（3）伤者说口渴时,可给少量水喝,但不要给食物吃,观察其病情。

（4）即使伤者头痛,最好也不要乱让其吃药。

（5）由于头皮比普通皮肤的血管多,受伤会大量出血,看起来很令人吃惊,但多是皮肤伤。伤口较深时,头盖骨会骨折,应先让其静卧。

3. 失去神志（知觉）时

（1）检查方法

休克时的症状:

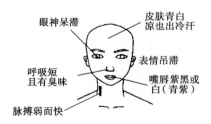

意识的检查方法:呼唤伤病者,看有无反应。

呼吸的检查方法:将脸颊贴近伤病者观察其胸口的跳动情况。

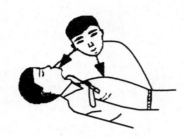

脉搏的检查方法：

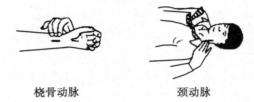

桡骨动脉　　　　　　　颈动脉

（2）处置方法

伤病者脑溢血昏倒时：

急救者要保持绝对镇定，尽量不要移动或晃动伤病者，松开其腰带及上身衣服，使其感觉舒服，应避开光线及声音的刺激，注意换气，天冷时要暖和屋子。如果伤病者舌头卷向里面，呼吸困难时，用布卷着筷子把舌头伸出，擦拭干净口内的分泌物。

急救者应将伤病者挪到通风良好的树荫下等处，松开衣服，使其暖和，使其头略低，脚略抬高 15～30 cm 地躺下。此外，如伤病者想吐时，将其脸侧摆。恢复意识后，让伤病者躺着，给其喝咖啡等兴奋性饮料，使其恢复精神。意识恢复太慢时，可大声呼叫伤病者名字，或用冷水毛巾擦拭其脸等，使其睁开眼、口。

伤病者中暑昏倒时：

急救者应将伤病者移到树荫下等凉快通风的地方，脱开衣服，垫高头部让其躺下，然后用湿毛巾擦拭其身体使其全身冷下来。伤病者出现痉挛、要咬舌头时，将卷上布片的东西塞到其上下齿之间让其咬住。伤病者如想呕吐，将其脸侧放。伤病者意识恢复后，给其喝浓而凉的糖水。

伤病者休克时：

为确认休克的状态，急救者应呼唤伤病者，看有无反应。伤病者如能回答，则说些使其安心的话，如无回答，则给予压胸等刺激。如仍无意识的话，则擦干净其口中分泌物，将其头部向后摆，使其喉咙张开容易呼吸。

呼唤伤病者，如有反应，则说些使其安心的话。

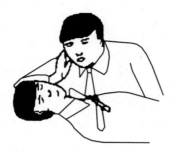

如无反应则给予压胸等刺激。

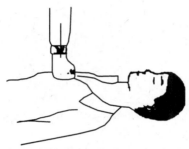

如仍无意识,则清除口中分泌物,将其头部向后仰,确保呼吸道畅通。

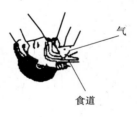

(a)清除口中分泌物　　　　　　　(b)将头部后仰

伤病者失去呼吸时用人工呼吸法:

①应凑近其口、鼻处,察看胸部的动静,以确认是否在呼吸。此外,用手指触摸手部动脉或颈部的颈动脉以检查脉搏,使其面朝上平躺着。

②将左手伸到伤者的颈部下面,使其张开口,然后用右手压住额部,使头部充分仰到后侧。

③用按在额头上的手的拇指与食指捏住其鼻孔,深呼吸之后对住伤病者的口,稍用力地吹气。其口很难张开时,也可以单手紧捂住其口,从鼻孔进行吹气。

④一直吹气直到伤病者的胸部轻度隆起为止。每次吹完离开其口时,应确认其有气呼出来,这样每4~5 s一次,进行多次反复。也可以不直接口对口吹气,而隔上一层纱布或毛巾等。应凑近其口、鼻处,察看胸部的动静,以确保是否在呼吸。此外,用手指触摸手部动脉或颈部的颈动脉以检查脉搏,使其面朝上平躺着。

人工呼吸的方法图示：

(a)将头部后仰后,捏住其鼻孔　　　　(b)张大口以覆盖伤病者的口,进行吹气

(c)吹完气后放开口手,察看伤痛者呼吸与胸部、腹的动静

伤病者无心跳时,用胸外心脏挤压法:

①确认压迫部位。

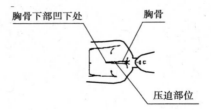

②将一只手放在压迫部位上,另一只重叠其上。

③肘部垂直地进行曲压迫。

伤病者呼吸和心跳都停上时,兼用人工呼吸法和胸外心脏挤压法:

①如现场急救者只有一人,应先对伤病者吹气 3~4 次,然后再挤压 7~8 次,如此交替重复至伤病者苏醒为止。

②如二人合作抢救,一人吹气,一人挤压,吹气时保持伤病者胸部放松,只可在换气时进行挤压。

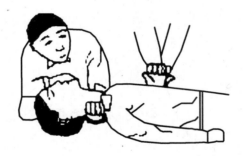

4. 烧伤时

尽快将被热烫伤部位浸到干净的水中 15 min 以上进行冷却。

充分浸泡

穿着衣服时

5. 骨折时

骨折时,尽量使骨折部位不动。不得已需移动时,应先切实将骨折处固定好了再移动。

骨折处的固定如下：

担架的制作方法和伤病者的搬运方法：
（1）担架的制作方法

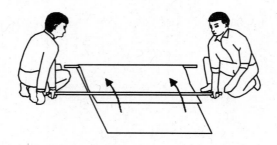

（2）伤病者的搬运方法
搬运伤病者时应以适合伤病状态的体位来进行，且不要摇摆。

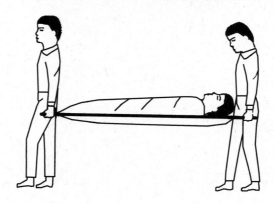

附录 2　重庆市特种设备安全监察条例

(2008 年 9 月 26 日重庆市第三届人民代表大会常务委员会第六次会议通过)

第一章　总　则

第一条　为加强特种设备安全监察,保障生命财产安全和公共安全,根据《中华人民共和国安全生产法》和《特种设备安全监察条例》等法律、行政法规规定,结合本市实际,制定本条例。

第二条　本条例所称特种设备是指涉及生命财产安全、危险性较大的锅炉、压力容器(含气瓶,下同)、压力管道、电梯、起重机械、客运索道、大型游乐设施、场(厂)内机动车辆,及其安全附件、安全保护装置和与安全保护装置相关的设施。

特种设备的具体范围由国务院批准的《特种设备目录》确定,其中场(厂)内机动车辆的具体范围由市人民政府确定。

第三条　在本市行政区域内从事特种设备生产、销售、租赁、使用、检验检测、监督检查及相关活动,适用本条例。

法律、行政法规另有规定的从其规定。

第四条　各级人民政府应当加强对特种设备安全工作的领导,及时协调解决特种设备安全监察中存在的重大问题,并将特种设备安全工作纳入各级人民政府年度安全生产目标考核。

第五条　市特种设备安全监督管理部门负责全市特种设备安全监察工作。区县(自治县)特种设备安全监督管理部门负责本行政区域内特种设备安全的日常监察工作。

房屋建筑工地和市政工程工地用起重机械的安装、使用的监督管理,由建设行政部门依照有关法律、法规的规定执行。

安监、公安等有关行政部门按照各自职责,协同做好特种设备安全监督管理工作。

乡镇人民政府、街道办事处在区县(自治县)特种设备安全监督管理部门委托范围内,对所辖行政区域内的特种设备进行安全监察。

第六条　特种设备生产、使用者,应当建立健全并严格执行特种设备安全管理制度和岗位安全责任制度。其主要负责人应当对其生产、使用的特种设备安全全面负责。

鼓励符合条件的特种设备使用者依法申请特种设备检验检测机构资质许可,经法定程序核准后,负责本单位一定范围内的特种设备检验检测工作。

第七条　鼓励采用电子标签等信息化管理手段,提高特种设备的安全性与管理水平,提高防范特种设备事故的能力。

第八条　鼓励特种设备生产、使用者和检验检测机构参加与特种设备安全相关的责任保险。

第九条　市和区县(自治县)特种设备安全监督管理部门会同有关部门,负责对特种设备较大事故和一般事故的调查。特别重大事故和重大事故的调查按国家有关规定执行。

事故调查报告由组织事故调查的特种设备安全监督管理部门报同级人民政府批复,并报上一级特种设备安全监督管理部门备案;有关机关应当按照批复,依照法定权限和程序,对事故责任单位和有关人员进行处理。

特种设备安全监督管理部门应当制定特种设备事故处置预案,并提供特种设备事故统计、技术分析、应急救援的技术支持。

第十条　任何单位和个人对违反本条例规定的行为,有权向特种设备安全监督管理部门或行政监察部门举报或投诉。

第二章　一般安全规定

第十一条　禁止设计、制造、销售、租赁、安装、使用国家明令淘汰的特种设备。

第十二条　压力管道、场(厂)内机动车辆使用者应当按照特种设备定期检验规定,在安全检验合格有效期届满前三十日内,向特种设备检验检测机构提出定期检验申请。

未经检验或检验不合格的特种设备,不得继续使用。

第十三条　从事压力管道设计、安装、检验检测,场(厂)内机动车辆制造、改造、维修和检验检测,锅炉化学清洗服务应当经市特种设备安全监督管理部门许可。

取得前款所列许可应当具备以下条件:

(一)持有工商营业执照或名称预先核准通知书;

(二)有相应的质量管理体系和安全管理制度;

(三)有相应的人员;

(四)有相应的场地、装备和检验设备。

第十四条　申请从事压力管道设计、安装、检验检测,场(厂)内机动车辆制造、改造、维修和检验检测,锅炉化学清洗服务的申请人应当向市特种设备安全监督管理部门提交申请书和本条例第十三条第二款规定的材料。

第十五条　市特种设备安全监督管理部门自接到申请材料之日起五个工作日内决定是否受理。符合受理条件的,予以受理,由申请人聘请有相应资质的鉴定评审机构进行现场鉴定评审,并出具鉴定评审报告;不符合受理条件的,应当书面告知理由。市特种设备安全监督管理部门应当在收到鉴定评审报告后三十个工作日内完成审核,对符合行政许可条件的申请人,颁发相应行政许可证;不符合条件的,作出不予许可决定,并书面告知理由。

第十六条　压力管道、场(厂)内机动车辆使用者在投入使用前或使用后三十日内,应当到特种设备所在地区县(自治县)特种设备安全监督管理部门办理登记。

第十七条　压力管道、场(厂)内机动车辆使用者办理特种设备登记时应当提交以下材料:

(一)申请书;

(二)制造技术资料(图纸、合格证、监检证书等);

(三)安装技术资料(竣工报告、监检证书等);

(四)《特种设备注册登记表》一式二份;

(五)操作人员的《特种设备作业人员证》;

(六)有关安全管理制度。

第十八条　区县(自治县)特种设备安全监督管理部门自接到申请登记材料之日起五个工作日内决定是否予以登记。符合登记条件的,在十五个工作日内颁发使用登记证;不符合登记条件的,不予登记,并书面告知理由。

第十九条　从事特种设备安装、改造、维修、锅炉化学清洗服务的施工者,应当在施工前向施工所在地区县(自治县)特种设备安全监督管理部门提交开工告知书后方可施工。

施工者应当对告知内容的真实性负责。

第二十条　特种设备销售者及其销售的特种设备应当符合以下要求:

(一)建立特种设备销售台账;

(二)销售的特种设备,其制造者具有相应资质;

(三)销售特种设备时,向使用者提供设计文件、产品质量合格证明、安装和使用维修说明以及监督检验证明。

第二十一条　旧有特种设备的销售除符合有关法律、行政法规规定的条件外,还应当具备以下书面文件:

(一)有原使用者的使用登记注销证明;

(二)有完整的安全技术档案;

(三)有监督检验或定期检验合格证明。

第二十二条　特种设备使用者应当对特种设备的使用安全负责,并遵守以下规定:

(一)使用的特种设备,其制造单位具有相应资质;

(二)委托具有相应资质的单位进行安装、改造和维修;

(三)使用的特种设备符合安全技术规范要求;

(四)提供满足特种设备现场检验检测条件;

(五)法律、行政法规有关规定。

第二十三条　特种设备安装使用场所及规划,依据国家相关规定执行。

安装在公共场所的特种设备,使用者应当在公众易于注意的显著位置张贴安全注意事项和警示标志。

第二十四条　特种设备使用者应当对拟停用一年以上的特种设备予以封存。封存后三十日内,应当向特种设备封存地的区县(自治县)特种设备安全监督管理部门申请停用,并将使用登记证交回原登记机关。重新启用封存的特种设备应当经法定程序检验。检验合格后持检验报告向原登记机关申请启用,领回使用登记证;停用一年以内重新启用的,仍按原检验周期申请检验。

第二十五条　对不能出具出厂资料,无法确认原制造者的特种设备,如需使用,应当符合以下条件:

(一)有证据证明确属资料灭失且一直在本单位使用;

(二)由具有相应资质的制造者进行改造或维修,并补齐相关资料;

(三)经检验检测机构检验合格。

第二十六条　有下列情形之一的特种设备,使用者应当按照有关规定在特种设备所在地区县(自治县)特种设备安全监督管理部门监督下解体报废,并向原登记机关办理注销手续,其中解体报废盛装危险化学品的压力容器,应当依法在解体报废前对危险化学品进行安全和环保处理:

(一)达不到安全技术规范要求,存在严重事故隐患,无改造、维修价值的;

(二)超过安全技术规范规定的使用期限的。

第二十七条　特种设备的租赁者在出租特种设备时,必须向承租者提供以下文件:

(一)制造者具有的相应资质;

(二)设计文件、产品质量合格证明、出厂监督检验合格证明、安装使用说明;

(三)完整的安全技术档案、检验合格证明。

第三章　特殊安全规定

第二十八条　需要进行改造的锅炉、氧舱、大型游乐设施、客运索道、高耗能特种设备,其改造设计文件应当经特种设备检验检测机构鉴定,方可用于改造。

第二十九条　锅炉使用者应当按照有关安全技术规范进行水(介)质处理。并接受特种设备检验检测机构对水(介)质处理的定期检验。

第三十条　申请从事气瓶充装应当向其所在地区县(自治县)特种设备安全监督管理部门提出书面申请,经市特种设备安全监督管理部门根据国家有关规定审核,对符合许可条件的申请人,颁发《气瓶充装许可证》;不符合许可条件的,不予颁发,并书面告知理由。

第三十一条　气瓶充装者、罐车充装者、罐式集装箱充装者在进行充装时应当遵守以下规定:

(一)只能充装自有产权的气瓶,但充装车用燃气气瓶、罐车和罐式集装箱除外;

(二)气瓶使用登记代码永久性标志应当经市特种设备安全监督管理部门备案,并标注在气体充装单位的自有产权气瓶上;

(三)不得充装未经检验或检验不合格的气瓶、罐车、罐式集装箱;

（四）按照气瓶、罐车和罐式集装箱所标定介质充装；

（五）不得超装或混装。

第三十二条　气体销售者销售气体不得使用下列容器：

（一）未经特种设备检验检测机构检验或经检验不合格的气瓶、罐车和罐式集装箱；

（二）报废的气瓶、罐车和罐式集装箱；

（三）违反其他安全技术规范的气瓶、罐车和罐式集装箱。

第三十三条　电梯使用者应当确保电梯安全使用，并负责落实电梯维修改造费用。

第三十四条　电梯使用者应当每年在检验有效期满前三十日申请定期检验。

乘客电梯正式投入使用十年以上的，特种设备检验检测机构除每年对其实施定期检验外，还应每两年进行一次安全评估，并作出评估结论。

电梯使用者应当至少每十五日由取得相应资质的维修保养单位进行一次清洁、润滑、调整和检查。

第三十五条　电梯层门、电梯轿箱内操纵箱钥匙、机房钥匙或启动钥匙应当由取得《特种设备作业人员证》的人员管理、持有。

第三十六条　电梯维修保养单位在维修保养合同期内，不得以任何理由拒绝电梯维修保养。

第三十七条　电梯使用者应当安装电梯安全运行监控和应急呼救系统，并保证其有效使用。

电梯发生困人故障时，应当立即按照应急救援预案要求进行处置，并立即通知电梯维修保养单位。电梯维修保养单位在接到故障通知后，应当立即在合同约定的时间内赶赴现场应急救援，排除故障。

第三十八条　电梯维修保养单位对影响电梯安全运行难以排除的故障，应当书面通知电梯使用者暂停使用。故障排除前不得将电梯交付使用。

电梯使用者接到电梯维修保养单位发出的暂停使用通知后，应当立即停止使用。

第三十九条　房屋建筑工地和市政工程工地用起重机械改造、维修单位，应当取得特种设备安全监督管理部门许可，方可从事改造、维修活动。

第四十条　起重机械使用者应当对起重机械的主要受力结构件、安全附件、安全保护装置、运行机构、控制系统等进行日常维护保养，并做出记录。配备符合安全要求的索具、吊具，保证其安全使用。

第四十一条　大型游乐设施的经营者和场地提供者，应当对大型游乐设施的安全运营负责。

第四十二条　压力管道安装或锅炉化学清洗过程，应当经特种设备检验检测机构监督检验，未经检验或经检验不合格的，不得交付使用。

第四章　监督检查

第四十三条　特种设备安全监督管理部门依照本条例规定,对特种设备采用强制检验、现场监察、事故调查处理、安全责任追究、安全状况公布等方式进行安全监察。

第四十四条　特种设备安全监督管理部门对特种设备生产、销售、使用者和检验检测机构实施现场安全监察时,应当有两名以上特种设备安全监察人员参加,并出示有效执法证件。

第四十五条　特种设备安全监督管理部门安全监察人员依法执行职务行使下列职权:

(一)向特种设备生产、销售、使用者和检验检测机构的法定代表人、主要负责人或其他有关人员调查、了解有关情况;

(二)查阅、复制特种设备生产、销售、使用者和检验检测机构的合同、发票等有关资料;

(三)对有证据表明不符合安全技术规范或有严重事故隐患的特种设备或其主要部件,予以查封或扣押。

第四十六条　特种设备检验检测机构应当在核准范围和地区从事定期检验或监督检验工作。确需跨地区从事检验检测工作的,应当在事前书面告知特种设备所在地的区县(自治县)特种设备安全监督管理部门。

检验检测机构不能按期完成核准范围内的定期检验或监督检验工作的,应当提前告知特种设备所在地区县(自治县)特种设备安全监督管理部门。

第四十七条　特种设备安全监督管理部门对有关特种设备予以查封、扣押后,应当在三十日内依法作出处理。因特殊情况不能按期作出处理的,经上一级特种设备安全监督管理部门批准,可适当延长,但最长不得超过九十日。

经特种设备安全监督管理部门查封、扣押的特种设备或其主要部件,特种设备生产、使用单位不得擅自动用、调换、转移、损毁。

第四十八条　特种设备安全监督管理部门接到违反本条例规定行为的举报或投诉后,应当在三十个工作日内调查完毕,并将调查结果书面告知举报或投诉人。

特种设备安全监督管理部门应当公布举报、投诉电话和电子邮箱。

第五章　法律责任

第四十九条　特种设备安全监督管理部门工作人员,有下列行为之一的,依法给予处分;构成犯罪的,依法追究刑事责任:

(一)不按照本条例规定的条件和安全技术规范要求,实施许可和登记的;

(二)发现未经许可、批准、登记从事特种设备的生产、使用或检验检测活动不予取缔或不依法予以处理的;

（三）发现特种设备生产、使用违法行为不予查处的；

（四）发现重大违法行为或严重事故隐患，未及时向上级特种设备安全监督管理部门报告，或接到报告的特种设备安全监督管理部门不立即处理的。

第五十条　违反本条例第十一条规定，对设计、租赁、安装、使用国家明令淘汰的特种设备的，由特种设备安全监督管理部门责令限期改正，没收图纸、文件、设备或产品，并处五万元以上二十万元以下罚款。对制造、销售国家明令淘汰的特种设备的，按照《中华人民共和国产品质量法》有关规定处罚。

第五十一条　违反本条例规定，有下列行为之一的，由特种设备安全监督管理部门责令改正，并处五万元以上二十万元以下罚款，有违法所得的，没收违法所得；构成犯罪的，依法追究刑事责任：

（一）未经许可，从事压力管道设计、安装、检验检测，场（厂）内机动车辆制造、改造、维修和检验检测，锅炉化学清洗服务的；

（二）锅炉、氧舱、大型游乐设施、客运索道、高耗能特种设备的改造设计文件，未经特种设备法定检验检测机构鉴定擅自用于改造的；

（三）未经许可，从事气瓶充装的；

（四）未经许可，从事房屋建筑工地和市政工程工地起重机械改造、维修的；

（五）压力管道安装或锅炉化学清洗过程，未经特种设备法定检验检测机构按照安全技术规范进行监督检验即交付使用的。

第五十二条　违反本条例规定，有下列行为之一的，由特种设备安全监督管理部门责令限期改正；逾期未改正的，处二千元以上一万元以下罚款并责令停止使用：

（一）压力管道、场（厂）内机动车辆使用者在投入使用前或使用后的规定期限内未办理登记的；

（二）压力管道安装、场（厂）内机动车辆改造维修、化学清洗服务施工者，施工前未按有关规定告知即行施工的。

第五十三条　违反本条例规定，有下列行为之一的，由特种设备安全监督管理部门责令限期改正、停止销售、停止使用，并处二千元以上一万元以下罚款：

（一）销售者销售特种设备不符合规定条件的；

（二）销售旧有特种设备时不具备有关书面证明材料的；

（三）安装在公共场所的特种设备，使用者未在显著位置张贴安全注意事项和警示标志的。

第五十四条　违反本条例第二十四条规定，特种设备使用者对应当封存的特种设备未封存或封存后未在规定期限内申请停用，或重新启用封存的特种设备未经检验或检验不合格投入使用的，由特种设备安全监督管理部门责令限期改正；逾期未改正的，责令封存或停止使用，并处二万元以上二十万元以下罚款。

第五十五条　违反本条例第二十五条规定，不具备使用条件将特种设备投入使用的，由特种设备安全监督管理部门责令限期改正；逾期未改正的，责令停止使用，并处五万元以上十万元以下罚款。

第五十六条　违反本条例第二十六条规定,特种设备存在严重事故隐患,无改造、维修价值,或超过安全技术规范规定的使用期限,使用者未在特种设备安全监督管理部门监督下报废特种设备,并向原登记机关办理注销手续的,由特种设备安全监督管理部门责令限期改正;逾期未改正的,处五万元以上二十万元以下罚款。

第五十七条　特种设备的租赁者违反本条例第二十七条规定的,由特种设备安全监督管理部门责令限期改正,逾期不改的,处五千元以上二万元以下罚款;有违法所得的,没收违法所得;构成犯罪的,依法追究刑事责任。

第五十八条　违反本条例第二十九条规定,锅炉使用者未按照有关安全技术规范进行水(介)质处理的,由特种设备安全监督管理部门责令限期改正;逾期未改正的,责令停止使用,并处二万元以上五万元以下罚款。

第五十九条　违反本条例第三十二条规定,气体销售者使用未经检验、检验不合格、报废或违反其他安全技术规范的气瓶、罐车、罐式集装箱的,由特种设备安全监督管理部门责令限期改正;逾期未改正的,没收气瓶、罐车、罐式集装箱,并处五万元以上二十万元以下罚款;有违法所得的,没收违法所得;构成犯罪的,依法追究刑事责任。

第六十条　违反本条例第三十七条第一款规定,电梯使用者未安装电梯安全运行监控、应急呼救系统,并保证其有效使用的,由特种设备安全监督管理部门责令限期改正;逾期未改正的,处五千元以上二万元以下罚款。

第六十一条　违反本条例第四十七条第二款规定,特种设备生产、使用单位擅自动用、调换、转移、损毁被查封、扣押的特种设备或其主要部件的,由特种设备安全监督管理部门责令整改,并处五万元以上二十万元以下罚款。

第六十二条　违反本条例规定,有下列行为之一的,由特种设备安全监督管理部门责令改正、停止使用,并处二千元以上二万元以下罚款:

(一)电梯、压力管道、场(厂)内机动车辆使用者未按规定期限提出定期检验申请的;

(二)电梯层门、电梯轿箱内操纵箱钥匙、机房钥匙或启动钥匙的管理、持有人未取得相应特种设备作业人员证书的。

第六十三条　特种设备检验检测机构有下列行为之一的,由特种设备安全监督管理部门责令限期改正;逾期未改正的,暂停其核准项目的检验检测工作:

(一)特种设备检验检测机构超范围或地区从事定期检验或监督检验工作的;

(二)跨地区从事检验检测工作,事前未书面告知特种设备所在地的区县(自治县)特种设备安全监督管理部门的;

(三)不能按期完成核准范围内的检验检测工作时,未书面告知的。

第六章　附　则

第六十四条　本条例所称特种设备使用者是指具有在用特种设备管理权利和管理义务的单位或个人。其既可以是特种设备产权所有者,也可以是受特种设备产权所有者委托,具有一年以上在用特种设备管理权利和管理义务者。

本条例所称场(厂)内机动车辆是指除道路交通、农用车辆外,仅在工厂区、码头、货场、旅游景区等特定区域使用的专用车辆。

本条例所称旧有特种设备,是指从办理完毕特种设备注册登记手续到报废前转移产权的特种设备。

本条例所称电梯安全运行状态监控系统是指能对电梯运行状态进行实时监控及记录,实现事故预警、故障报警、困人自动呼救等功能的监控系统。

第六十五条　本条例自 2009 年 1 月 1 日起施行。

附录 3 《特种设备安全监察条例》修正案

（中华人民共和国国务院令第 549 号）

《国务院关于修改〈特种设备安全监察条例〉的决定》已经 2009 年 1 月 14 日国务院第 46 次常务会议通过，现予公布，自 2009 年 5 月 1 日起施行。

总 理 温家宝
二〇〇九年一月二十四日

国务院关于修改
《特种设备安全监察条例》的决定

国务院决定对《特种设备安全监察条例》做如下修改：

一、第二条第一款修改为："本条例所称特种设备是指涉及生命安全、危险性较大的锅炉、压力容器（含气瓶，下同）、压力管道、电梯、起重机械、客运索道、大型游乐设施和场（厂）内专用机动车辆。"

二、第三条第二款修改为："军事装备、核设施、航空航天器、铁路机车、海上设施和船舶以及矿山井下使用的特种设备、民用机场专用设备的安全监察不适用本条例。"

第三款修改为："房屋建筑工地和市政工程工地用起重机械、场（厂）内专用机动车辆的安装、使用的监督管理，由建设行政主管部门依照有关法律、法规的规定执行。"

三、第五条第一款修改为："特种设备生产、使用单位应当建立健全特种设备安全、节能管理制度和岗位安全、节能责任制度。"

第二款修改为："特种设备生产、使用单位的主要负责人应当对本单位特种设备的安全和节能全面负责。"

四、第八条增加一款作为第二款："国家鼓励特种设备节能技术的研究、开发、示范和推广，促进特种设备节能技术创新和应用。"

增加一款，作为第三款："特种设备生产、使用单位和特种设备检验检测机构，应当保证必要的安全和节能投入。"

增加一款，作为第四款："国家鼓励实行特种设备责任保险制度，提高事故赔付能力。"

五、第十条第二款修改为："特种设备生产单位对其生产的特种设备的安全性能和能效指标负责，不得生产不符合安全性能要求和能效指标的特种设备，不得生产国家产业政策明令淘汰的特种设备。"

六、第二十二条第三款修改为："气瓶充装单位应当向气体使用者提供符合安全技术规范要求的气瓶,对使用者进行气瓶安全使用指导,并按照安全技术规范的要求办理气瓶使用登记,提出气瓶的定期检验要求。"

七、第二十六条增加一项作为第六项:"高耗能特种设备的能效测试报告、能耗状况记录以及节能改造技术资料。"

八、第二十七条增加一款作为第四款:"锅炉使用单位应当按照安全技术规范的要求进行锅炉水(介)质处理,并接受特种设备检验检测机构实施的水(介)质处理定期检验。"

增加一款,作为第五款:"从事锅炉清洗的单位,应当按照安全技术规范的要求进行锅炉清洗,并接受特种设备检验检测机构实施的锅炉清洗过程监督检验。"

九、第二十九条增加一款作为第二款:"特种设备不符合能效指标的,特种设备使用单位应当采取相应措施进行整改。"

十、删除第三十一条。

十一、第四十条改为第三十九条,第一款修改为:"特种设备使用单位应当对特种设备作业人员进行特种设备安全、节能教育和培训,保证特种设备作业人员具备必要的特种设备安全、节能知识。"

十二、第四十九条改为第四十八条,修改为:"特种设备检验检测机构进行特种设备检验检测,发现严重事故隐患或者能耗严重超标的,应当及时告知特种设备使用单位,并立即向特种设备安全监督管理部门报告。"

十三、第五十三条改为第五十二条,第一款修改为:"依照本条例规定实施许可、核准、登记的特种设备安全监督管理部门,应当严格依照本条例规定条件和安全技术规范要求对有关事项进行审查;不符合本条例规定条件和安全技术规范要求的,不得许可、核准、登记;在申请办理许可、核准期间,特种设备安全监督管理部门发现申请人未经许可从事特种设备相应活动或者伪造许可、核准证书的,不予受理或者不予许可、核准,并在 1 年内不再受理其新的许可、核准申请。"

第三款修改为:"违反本条例规定,被依法撤销许可的,自撤销许可之日起 3 年内,特种设备安全监督管理部门不予受理其新的许可申请。"

十四、第五十九条改为第五十八条,修改为:"特种设备安全监督管理部门对特种设备生产、使用单位和检验检测机构进行安全监察时,发现有违反本条例规定和安全技术规范要求的行为或者在用的特种设备存在事故隐患、不符合能效指标的,应当以书面形式发出特种设备安全监察指令,责令有关单位及时采取措施,予以改正或者消除事故隐患。紧急情况下需要采取紧急处置措施的,应当随后补发书面通知。"

十五、删除第六十二条。

十六、删除第六十三条。

十七、增加一条,作为第六十一条:"有下列情形之一的,为特别重大事故:

(一)特种设备事故造成 30 人以上死亡,或者 100 人以上重伤(包括急性工业中毒,下同),或者 1 亿元以上直接经济损失的;

(二)600 兆瓦以上锅炉爆炸的;

（三）压力容器、压力管道有毒介质泄漏，造成 15 万人以上转移的；

（四）客运索道、大型游乐设施高空滞留 100 人以上并且时间在 48 小时以上的。"

十八、增加一条，作为第六十二条："有下列情形之一的，为重大事故：

（一）特种设备事故造成 10 人以上 30 人以下死亡，或者 50 人以上 100 人以下重伤，或者 5 000 万元以上 1 亿元以下直接经济损失的；

（二）600 兆瓦以上锅炉因安全故障中断运行 240 小时以上的；

（三）压力容器、压力管道有毒介质泄漏，造成 5 万人以上 15 万人以下转移的；

（四）客运索道、大型游乐设施高空滞留 100 人以上并且时间在 24 小时以上 48 小时以下的。"

十九、增加一条，作为第六十三条："有下列情形之一的，为较大事故：

（一）特种设备事故造成 3 人以上 10 人以下死亡，或者 10 人以上 50 人以下重伤，或者 1 000 万元以上 5 000 万元以下直接经济损失的；

（二）锅炉、压力容器、压力管道爆炸的；

（三）压力容器、压力管道有毒介质泄漏，造成 1 万人以上 5 万人以下转移的；

（四）起重机械整体倾覆的；

（五）客运索道、大型游乐设施高空滞留人员 12 小时以上的。"

二十、增加一条，作为第六十四条："有下列情形之一的，为一般事故：

（一）特种设备事故造成 3 人以下死亡，或者 10 人以下重伤，或者 1 万元以上 1 000 万元以下直接经济损失的；

（二）压力容器、压力管道有毒介质泄漏，造成 500 人以上 1 万人以下转移的；

（三）电梯轿厢滞留人员 2 小时以上的；

（四）起重机械主要受力结构件折断或者起升机构坠落的；

（五）客运索道高空滞留人员 3.5 小时以上 12 小时以下的；

（六）大型游乐设施高空滞留人员 1 小时以上 12 小时以下的。"

"除前款规定外，国务院特种设备安全监督管理部门可以对一般事故的其他情形做出补充规定。"

二十一、增加一条，作为第六十五条："特种设备安全监督管理部门应当制定特种设备应急预案。特种设备使用单位应当制定事故应急专项预案，并定期进行事故应急演练。"

"压力容器、压力管道发生爆炸或者泄漏，在抢险救援时应当区分介质特性，严格按照相关预案规定程序处理，防止二次爆炸。"

二十二、增加一条，作为第六十六条："特种设备事故发生后，事故发生单位应当立即启动事故应急预案，组织抢救，防止事故扩大，减少人员伤亡和财产损失，并及时向事故发生地县以上特种设备安全监督管理部门和有关部门报告。"

"县以上特种设备安全监督管理部门接到事故报告，应当尽快核实有关情况，立即向所在地人民政府报告，并逐级上报事故情况。必要时，特种设备安全监督管理部门可以越级上报事故情况。对特别重大事故、重大事故，国务院特种设备安全监督管理部门应当立即报告国务院并通报国务院安全生产监督管理部门等有关部门。"

二十三、增加一条，作为第六十七条："特别重大事故由国务院或者国务院授权有关部门组织事故调查组进行调查。

重大事故由国务院特种设备安全监督管理部门会同有关部门组织事故调查组进行调查。

较大事故由省、自治区、直辖市特种设备安全监督管理部门会同有关部门组织事故调查组进行调查。

一般事故由设区的市的特种设备安全监督管理部门会同有关部门组织事故调查组进行调查。"

二十四、增加一条，作为第六十八条："事故调查报告应当由负责组织事故调查的特种设备安全监督管理部门的所在地人民政府批复，并报上一级特种设备安全监督管理部门备案。"

"有关机关应当按照批复，依照法律、行政法规规定的权限和程序，对事故责任单位和有关人员进行行政处罚，对负有事故责任的国家工作人员进行处分。"

二十五、增加一条，作为第六十九条："特种设备安全监督管理部门应当在有关地方人民政府的领导下，组织开展特种设备事故调查处理工作。"

"有关地方人民政府应当支持、配合上级人民政府或者特种设备安全监督管理部门的事故调查处理工作，并提供必要的便利条件。"

二十六、增加一条，作为第七十条："特种设备安全监督管理部门应当对发生事故的原因进行分析，并根据特种设备的管理和技术特点、事故情况对相关安全技术规范进行评估；需要制定或者修订相关安全技术规范的，应当及时制定或者修订。"

二十七、第七十二条改为第八十条，第一款修改为："未经许可，擅自从事移动式压力容器或者气瓶充装活动的，由特种设备安全监督管理部门予以取缔，没收违法充装的气瓶，处10万元以上50万元以下罚款；有违法所得的，没收违法所得；触犯刑律的，对负有责任的主管人员和其他直接责任人员依照刑法关于非法经营罪或者其他罪的规定，依法追究刑事责任。"

增加一款，作为第二款："移动式压力容器、气瓶充装单位未按照安全技术规范的要求进行充装活动的，由特种设备安全监督管理部门责令改正，处2万元以上10万元以下罚款；情节严重的，撤销其充装资格。"

二十八、增加一条，作为第八十二条："已经取得许可、核准的特种设备生产单位、检验检测机构有下列行为之一的，由特种设备安全监督管理部门责令改正，处2万元以上10万元以下罚款；情节严重的，撤销其相应资格：

（一）未按照安全技术规范的要求办理许可证变更手续的；

（二）不再符合本条例规定或者安全技术规范要求的条件，继续从事特种设备生产、检验检测的；

（三）未依照本条例规定或者安全技术规范要求进行特种设备生产、检验检测的；

（四）伪造、变造、出租、出借、转让许可证书或者监督检验报告的。"

二十九、第七十四条改为第八十三条,增加一项作为第九项:"未按照安全技术规范要求进行锅炉水(介)质处理的;"

增加一项作为第十项:"特种设备不符合能效指标,未及时采取相应措施进行整改的。"

增加一款,作为第二款:"特种设备使用单位使用未取得生产许可的单位生产的特种设备或者将非承压锅炉、非压力容器作为承压锅炉、压力容器使用的,由特种设备安全监督管理部门责令停止使用,予以没收,处2万元以上10万元以下罚款。"

三十、第七十八条改为第八十七条,修改为:"发生特种设备事故,有下列情形之一的,对单位,由特种设备安全监督管理部门处5万元以上20万元以下罚款;对主要负责人,由特种设备安全监督管理部门处4 000元以上2万元以下罚款;属于国家工作人员的,依法给予处分;触犯刑律的,依照刑法关于重大责任事故罪或者其他罪的规定,依法追究刑事责任:

(一)特种设备使用单位的主要负责人在本单位发生特种设备事故时,不立即组织抢救或者在事故调查处理期间擅离职守或者逃匿的;

(二)特种设备使用单位的主要负责人对特种设备事故隐瞒不报、谎报或者拖延不报的。"

三十一、增加一条,作为第八十八条:"对事故发生负有责任的单位,由特种设备安全监督管理部门依照下列规定处以罚款:

(一)发生一般事故的,处10万元以上20万元以下罚款;

(二)发生较大事故的,处20万元以上50万元以下罚款;

(三)发生重大事故的,处50万元以上200万元以下罚款。"

三十二、增加一条,作为第八十九条:"对事故发生负有责任的单位的主要负责人未依法履行职责,导致事故发生的,由特种设备安全监督管理部门依照下列规定处以罚款;属于国家工作人员的,并依法给予处分;触犯刑律的,依照刑法关于重大责任事故罪或者其他罪的规定,依法追究刑事责任:

(一)发生一般事故的,处上一年年收入30%的罚款;

(二)发生较大事故的,处上一年年收入40%的罚款;

(三)发生重大事故的,处上一年年收入60%的罚款。"

三十三、第八十六条改为第九十七条,增加一项作为第八项:"迟报、漏报、瞒报或者谎报事故的;"

增加一项作为第九项:"妨碍事故救援或者事故调查处理的。"

三十四、第八十七条改为第九十八条,增加一款作为第二款:"特种设备生产、使用单位擅自动用、调换、转移、损毁被查封、扣押的特种设备或者其主要部件的,由特种设备安全监督管理部门责令改正,处5万元以上20万元以下罚款;情节严重的,撤销其相应资格。"

三十五、第九十九条第一款增加一项作为第八项:"场(厂)内专用机动车辆,是指除道路交通、农用车辆以外仅在工厂厂区、旅游景区、游乐场所等特定区域使用的专用机动车辆。"

三十六、增加一条,作为第一百零一条:"国务院特种设备安全监督管理部门可以授权省、自治区、直辖市特种设备安全监督管理部门负责本条例规定的特种设备行政许可工作,具体办法由国务院特种设备安全监督管理部门制定。"

三十七、第九十条改为第一百零二条,修改为:"特种设备行政许可、检验检测,应当按照国家有关规定收取费用。"

此外,对条文的顺序和部分文字作相应的调整和修改。

本决定自 2009 年 5 月 1 日起施行。

参考文献

[1] 贺德明,肖伟平.电梯结构与原理[M].广州:中山大学出版社,2009.

[2] 陈家盛.电梯结构原理及安装维修[M].北京:机械工业出版社,2000.

[3] 孟少凯,等.电梯技术与工程实务[M].北京:中国宇航出版社,2002.

[4] 王宝强,等.最新电梯原理使用与维护[M].北京:机械工业出版社,2006.

[5] 徐腾,等.电梯操作安全技术[M].郑州:黄河水利出版社,2007.

教师信息反馈表

为了更好地为教师服务,提高教学质量,我社将为您的教学提供电子和网络支持。请您填好以下表格并经系主任签字盖章后寄回,我社将免费向您提供相关的电子教案、网络交流平台或网络化课程资源。

书名:		版次	
书号:			
所需要的教学资料:			
您的姓名:			
您所在的校(院)、系:	校(院)		系
您所讲授的课程名称:			
学生人数:	_____人 _____年级	学时:	
您的联系地址:			
邮政编码:		联系电话	(家)
			(手机)
E-mail:(必填)			
您对本书的建议:		系主任签字 盖章	

请寄:重庆市沙坪坝正街 174 号重庆大学(A 区)
重庆大学出版社教材推广部

邮编:400030
电话:023-65112084 023-65112085
传真:023-65103686
网址:http://www.cqup.com.cn
E-mail:fxk@cqup.com.cn